树说集大之美

集美大学校园植物导览手册

陈茂才 编著

厦门大学出版社 国家一级出版社
全国百佳图书出版单位

陈嘉庚论树木

　　十月三十一日早，余离同安城至美人山下，集美农林学校早膳。沿途所见同美车路破坏后，两边树木概被地方村民斩去，至为可惜，否则不但路景美观，而暑天行人受荫不少。农林校舍，虽被敌寇驶战舰来海面炮击多次，而损失有限，盖未有倒塌，仅破损而已。美人山下农校所栽树木，颇茂盛可观，唯山上松柏则稚小不长大，虽近十余年之久，看似三数年之短小。语云，十年种树地成金，集美农林校，种树数十万株，可惜地土欠佳，否则地方燃料之贵，虽作火柴亦可价值不少也。

　　　　——陈嘉庚《南侨回忆录》363节 集美农林地非佳

序 言

在纪念嘉庚先生创办集美学校100周年和集美大学建校95周年的喜庆日子里,陈茂才同志拿来了书稿《树说集大之美》,希望我写篇序言,想赶在校庆前后出版。翻阅之后,惊喜不已,只是因为校庆期间许多校友回校,诸多杂事,另外也想认真多看几遍书稿,才能言之有物,所以就把完成序言的任务耽搁了好几天。首先,吸引我的是书稿的副标题,集美大学校园植物导览手册,显然作者的本意是要通过图文并茂的介绍,让读者走进集大校园欣赏各种树木花草,从一个侧面展示集大校园之美,这的确是一件很有意义的事。

常言道"十年树木,百年树人",大学肩负着培育人的重任,要让学子在这里健康成长,除了要有一些大楼之外,这所大学里还要有许多令学子仰慕的大师以及能够撞击学子灵魂的东西,这会使人激动,使人升腾,促使人去感悟许多在一般的环境里感悟不到的东西,这种东西就是大学的精神文化,是经过几十年、上百年的历史沉淀凝聚而成的高品位的精神文化。但是,文化要有载体,校园建设因此变得十分重要。好的校园建设要规划得当,要有一定的文化底蕴,要有大学的厚重感,要比较大气,要能使人赏心悦目。正如湖南大学一位老校长所说的那样,一所大学要有花、有树,植物要有三个层次,第一要有树木,第二要有灌木,最好是跟人齐平,从它身边路过可以跟它对话,第三是花草,这样三个层次,使这个学校生机盎然,富有生机和活力。学校里还应该有鸟,要让树和鸟与学生为伴,对学生产生教育的影响,让学生在校生活期间感觉到校园的丰富多彩、充满生机活力。总之，树不仅是校园风景，它们还承载着校园文化。可以想象，集大学子在四年的大学生活当中，如果常年随着四季的变化，都能在美丽的校园当中见到不同的花草和树木，如春天的桃花、木棉花，夏天的九里香、红千层、玉兰花、银合欢，秋天的美人树、桂花、三角梅，冬天的扶桑花、紫荆花，等等。学子们在美丽花木的陪伴下晨读、静思、嬉戏，朝夕相处，同呼吸共成长。那么，日复一日，年复一年，经过几十年的坚守，岁月的年轮便会凝成无数学子对美丽校园的热爱和依恋，升华为代代传承的校园文化。

　　从校长的岗位退下来以后，有不少人问过我："不当校长了，想做些什么事？"也有不少领导、好友希望我去民办大学工作，可是我却哪儿也不想去，我只想在集美大学再多呆几年，好好看看这校园里的一草一木。选择在校友会工作是我退休前早就想好的，一则因为在位时，一心想先把校内的工作做好，让社会承认集大，这样才能让老校友有认同感、归属感，所以当时无暇顾及校友工作，现在退休了较有时间了，应该多做做校友工作，好弥补在位时的不足。二则当年兴建新校区时，因为时间紧、任务重，还没来得及把校园的绿化工作做好，新校区的大树太少了。所以我希望到校友会后，专心做好新校区的绿化工作，我希望每年都能为学校绿化筹集五六十万元，一直坚持到集大百年校庆，我相信那时校园会更美丽。

　　茂才到后勤集团工作后，正好分工管校园的绿化工作，他一心想为学校的绿化多做贡献，经常到校园里寻花问草，久则生情，从不熟悉、不了解，直到熟悉、热爱乃至在充满诗情画意、鸟语花香的校园中流连忘返。2012年春天来临时，我到美国探亲，茂才把校友会办公楼前的草坪照片发给我，一片绿意，辉映着感恩林中盛开的桃花、人工湖边银合欢树旁飞翔的白鹭，实在是太美了。

　　本书介绍了208种不同的树木和花卉，配有大量生动的照片。自从新校区建筑获得"新中国成立六十周年百项经典暨精品工程"殊荣后，引来不少人的驻足参观，也有不少摄影佳作，但是茂才拍摄的照片中却有不少新意。封面之照，不仅突出了校园主楼和湖中的木栈道、美丽的睡莲，而且在湖的对岸有中山纪念楼和远方依稀可见的诚毅学院主楼。湖中的勿忘亭，在晨曦中亭亭玉立，诉说着我们对新校区捐赠者、建设者的勿忘之情！介绍校园里的花草树木时，茂才也不忘介绍勿忘亭中所记载的捐建新校区的热心校董、社会贤达，没有他们的慷慨解囊，新校区的建设不可能这么顺利。

　　校园里的一草一木，随着四季变化，装扮着校园不同的景色，既显示出校园的美丽风光，也给人以心旷神怡的愉悦，希望这满园春色的花草和郁郁葱葱的树木能述说出学子对美丽校园的真挚情感，引导我们更加深入地了解校园中的花草树木，更好地珍爱校园，保护好校园里的一草一木。希望这本小书能够帮助广大读者更加了解集大之美。

　　愿集美大学的校园更美丽，愿集美大学的明天更好。

辜建德

2013年10月26日

目 录

B

001 八宝树 1
002 巴西野牡丹 2
003 霸王棕 3
004 白 兰 4
005 柏 木 6
006 蓖 麻 7
007 变叶木 8
008 遍地黄金 9
009 菠萝蜜 10

C

010 侧 柏 11
011 长春花 12
012 翅荚决明 13
013 春 羽 14
014 刺 桐 15
015 葱 兰 17
016 翠芦莉 19

D

017 大花芦莉 20
018 大王椰子 21

019 大叶红草 22
020 大叶榕 23
021 大叶紫薇 24
022 杜鹃花 25

E

023 鹅掌柴 27

F

024 番木瓜 28
025 番石榴 30
026 非洲茉莉 31
027 凤凰木 32
028 佛肚竹 34
029 扶 桑 35
030 福建茶 36
031 福建山樱花 37
032 富贵榕 38

G

033 柑 橘 39
034 高山榕 40
035 宫粉羊蹄甲 41
036 桄 榔 43

037 广岛榕 44
038 广玉兰 45
039 龟背竹 46
040 桂 花 47
041 棍棒椰子 48
042 国王椰子 49

H

043 海南红豆 50
044 海 桐 51
045 海 芋 52
046 含 笑 53
047 合果芋 54
048 合 欢 55
049 鹤望兰 57
050 红背桂 58
051 红 车 59
052 红刺露兜树 60
053 红花继木 61
054 红千层 62
055 厚 朴 64
056 狐尾椰子 65
057 胡椒木 66
058 虎刺梅 67

059	虎尾兰	68
060	花叶假连翘	69
061	花叶艳山姜	70
062	华盛顿棕	72
063	皇后葵	73
064	黄花槐	74
065	黄花水龙	75
066	黄金雨	76
067	黄槿	78
068	黄素馨	79
069	黄心梅	80
070	晃伞枫	81
071	火焰木	82

J

072	鸡蛋花	84
073	鸡冠刺桐	86
074	鸡爪槭	88
075	加拿利海枣	89
076	夹竹桃	90
077	假槟榔	91
078	剑麻	92
079	金脉爵床	93
080	金银花	94
081	九里香	95
082	酒瓶兰	97

L

083	蓝花楹	98
084	榔榆	99
085	莲雾	100
086	楝树	101
087	柳树	102
088	柳叶榕	103
089	龙柏	104
090	龙船花	105
091	龙血树	107
092	龙眼	108
093	龙爪槐	109

094	芦苇	110
095	芦竹	111
096	旅人蕉	112
097	绿宝树	113
098	罗汉松	114

M

099	麻楝	115
100	马缨丹	116
101	芒果树	117
102	美丽针葵	119
103	美人蕉	120
104	美人树	121
105	美蕊花	122
106	米兰花	123
107	茉莉花	124
108	母生	125
109	木槿	127
110	木麻黄	128
111	木棉树	129

N

112	南洋杉	131
113	南洋楹	132
114	柠檬桉	134
115	女贞	135

P

116	爬山虎	136
117	炮仗花	137
118	炮仗竹	138
119	盆架子	139
120	蟛蜞菊	140
121	枇杷	141
122	平和蜜柚	142
123	苹婆	143
124	菩提树	144
125	葡萄	145
126	蒲葵	146

| 127 | 朴树 | 147 |

Q

128	牵牛花	148
129	俏黄栌	149
130	琴叶榕	150
131	琴叶珊瑚	151
132	青棕	152

R

133	人心果	153
134	榕树	154
135	软枝黄蝉	156

S

136	三角梅	157
137	三角椰子	159
138	散尾葵	160
139	桑树	161
140	山茶花	162
141	山黄麻	163
142	山牡荆	164
143	肾蕨	165
144	石栗	166
145	石榴	167
146	柿子	168
147	双荚决明	169
148	双色茉莉	170
149	水翁	171
150	水竹	172
151	水竹芋	173
152	睡莲	174
153	苏铁	175

T

154	台湾栾树	177
155	泰竹	179
156	桃花心木	180
157	桃树	181

158 天门冬 183	175 小叶紫薇 201	194 雨伞树 221
159 天竺桂 184	176 萱　草 202	195 鸢　尾 222
	177 悬铃花 203	196 月　季 223

W

Y

Z

160 乌　桕 185	178 羊蹄甲 204	197 樟　树 224
161 梧　桐 186	179 杨　梅 205	198 栀子花 226
162 五节芒 187	180 杨　桃 206	199 蜘蛛兰 227
	181 洋紫荆 207	200 纸莎草 228

X

	182 夜　合 208	201 重阳木 229
163 西番莲 188	183 伊拉克蜜枣 209	202 朱　蕉 230
164 希茉莉 189	184 银海枣 210	203 竹　柏 231
165 香　椿 190	185 银合欢 211	204 紫背竹芋 232
166 香　蕉 191	186 银　桦 213	205 紫　藤 233
167 香　蒲 192	187 银　杏 214	206 棕　榈 234
168 相　思 193	188 印度橡皮树 215	207 棕　竹 235
169 小蚌兰 194	189 印度紫檀 216	208 醉香含笑 236
170 小驳骨 195	190 鹰爪花 217	
171 小　蜡 196	191 硬枝老鸦嘴 218	## 后记
172 小叶杜英 198	192 油　梨 219	
173 小叶榄仁树 199	193 鱼尾葵 220	 237
174 小叶榕 200		

八宝树

　　八宝树为海桑科八宝树属常绿大乔木,高可达 40 米。树冠伞形,树皮灰褐色。小枝略呈四棱形,具有皮孔。单叶对生,叶大,长卵形,叶柄很短。顶生圆锥花序,白色。蒴果扁球形,微有棱。花期 3—8 月。

　　八宝树分布于东南亚及巴布亚新几内亚等地,我国南方少量引种。该树喜光,萌生能力强,适应生长在热带、南亚热带干旱不严重、高温高湿环境。具有较发达的根瘤,属于固氮树种。

　　凤凰木、榕树、芒果等等树木,在厦门街头随处可见,人们都很熟悉。所以在校园里,当你忽然看见一棵从未见过、叶子奇特的八宝树,心里很是惊奇。

　　集大唯一的这棵八宝树,位于集美菜市场后的水产学院 7 号教工宿舍楼边,植株高大,已经超过五层楼。其旁的大王椰子虽然高大通直,但与八宝树相比,明显相形见拙。高大的八宝树,上部枝条平展,下部枝条下垂,叶片浓绿,又宽又长,十分特别。

　　《厦门市集美区志》记载,1980 年集美郊区林科所从外地引种母生、八宝树等十几个树种。水院 7 号教工宿舍楼建于 1984 年,此树如属同时所栽,也才 30 年,足见生长迅速。这棵八宝树为校内所特有,因属少见树木,在其周边居住的教工,虽日日相见,却多不知树名。

巴西野牡丹

巴西野牡丹又名紫花野牡丹、艳紫野牡丹。原产巴西。

巴西野牡丹是野牡丹科蒂牡花属常绿灌木。株高1米左右，枝条红褐色。叶对生，椭圆形至披针形，全缘。花顶生，5瓣，浓紫蓝色，中心雄蕊白色且上曲。刚开的花朵深紫色，开放一段时间后呈现紫红色。蒴果坛状球形。巴西野牡丹花期极长，几乎全年开花，尤其每年5月至次年1月为盛花期。

巴西野牡丹是美丽的观花植物，可孤植或丛植布置于园林庭院，也可作为盆栽阳台观赏。野牡丹的根和果实可药用，有消积利湿、清热解毒等功效。

集大体院游泳池西侧花坛种植有巴西野牡丹，秋季开满紫红色花朵，在阳光照耀下，显得十分靓丽好看。

记得老家农村山坡上到处是原生野牡丹，花瓣浅紫色或粉白色，但似乎没有巴西野牡丹那么娇艳。

霸王棕

霸王棕又名俾斯麦椰。原产马达加斯加。

霸王棕是棕榈科霸王棕属常绿高大乔木，高达30米。茎干光滑，结实，灰绿色。巨大的扇形叶片，长3米左右，多裂，蓝灰色。雌雄异株，穗状花序；雌花序较短粗；雄花序较长，上有分枝。种子近球形，黑褐色。常见栽培的还有绿叶型变种。

霸王棕株型高大，掌叶巨大坚挺，叶色独特，是棕榈科植物中的珍稀种类，具有极高的观赏价值。可在园林绿化中以孤植、列植或群植等多种形式布置。厦门成功大道两旁就成排种植霸王棕，其身姿挺拔壮观，十分引人注目。

集美学村大门南侧有两棵高大的霸王棕，犹如守门将站在那里，迎接来自全国乃至世界各地的青年学子。

集大音乐学院北侧绿地有一片霸王棕林，其中一棵较为高大，非常美观。这片霸王棕林，好像一群音乐家正在集体演奏，阵容颇为壮观。您有空不妨去聆听欣赏。新校区人工湖边也有霸王棕。

集大音乐学院的前身是嘉庚先生1925年创办的集美师范高师艺术科，是福建音乐教育历史最悠久的师资摇篮。学院师资队伍强大，其中有位青年钢琴教师周宇博，2010年12月在其28岁时被破格聘任为集美大学教授。

白 兰

白兰又名白玉兰、白兰花、缅桂、鸡爪兰。

白兰是木兰科白兰属常绿乔木，高达 17 米。枝扩展，树皮灰色。叶薄革质，长椭圆形或披针状椭圆形。花单生叶腋，白色，极香。花被通常 12 片，披针形。通常不结实。花期 4—10 月。

白兰原产印度尼西亚，现广植于东南亚。适合闽南气候，生长良好，厦门地区多有种植。

白兰树体壮实，雄奇伟岸，花叶舒展饱满，花开时满树洁白，花香沁人心脾，为著名的香花树种。鲜叶可提取香油，称为"白兰叶油"。花可提取香精用于熏茶。根皮可入药，治疗便秘。

宋代杨万里有《白兰花》诗赞白兰：
熏风破晓碧莲苔，
花意犹低白玉颜。
一粲不曾容易发，
清香何自遍人间。

集大财经学院敦书楼后有许多高大的白兰。敦书楼建于 1925 年，三层，建筑面积 2707.5 平方米。当年读书时，就住在敦书楼一楼，宿舍窗外就是高大的白兰。白兰花开时节，阵阵扑鼻的清香从窗外飘来，令人心旷神怡。看到洁白的花瓣随风轻轻飘落，顺手捡几片，一路拿着靠近鼻尖，嗅着花香去文澜楼三楼教室上课，或者去图书馆自习。

据说财经学院的白兰花从漳州百花村引种。漳州市政府大院有许多高大的白兰及同属黄兰，团结楼外，整条道路两边种植白兰和黄兰，开花时满路花香，非常惬意。

白兰花不仅财经学院有，航海学院也有很多，分布在万邦楼左前方、诚毅楼后、海达楼边、即温楼东侧、明良楼后等处。即温楼边种的是黄兰，开黄色

花。暑假的时候，偶然登上即温楼，发现黄兰树上结着累累果实，一派丰收景象。

体育学院办公楼东南侧有三棵高大的白兰，这也是集大校园里与人最为亲密的白兰花，树身高过三层楼楼顶平台近5米。站在平台上，可以直接触摸素雅洁白的花朵，更可以在花朵上细嗅清香。靠近这些绿叶白花，身心为之洗涤，给人心灵上以净化，倍感清爽。

新校区里，尚大楼北侧道路西段两旁的白兰已能开花。2012年，尚大楼前两侧长势不好的罗汉松移植他处，改种18株白兰，于是这里也能见到她们的身影。

柏 木

柏木也称柏树、香扁柏、垂丝柏、黄柏、璎珞柏、扫帚柏、密密柏。

柏木是柏科柏木属常绿乔木，树高达 35 米。树冠圆锥形。树皮幼时红褐色，老树褐灰色，纵裂成窄长条片。小枝扁平，细长且下垂。叶鳞片状，交互对生，排成平面，两面相似，叶背中部有腺点。雌雄同株，球果，种鳞 4 对。种子微扁，两侧具窄翅，淡褐色。花期 4—5 月，种熟期翌年 5—6 月。

柏木是我国特有树种，栽培历史悠久，分布很广。其材可供建筑、车船和器具等用。柏木香气浓，根、干、枝叶可提取芳香油；柏子可以入药，有安神补心功效。

柏木枝叶浓密，树姿端庄，是很好的园林观赏树。集大财经学院文学楼后有十几棵柏木，树下配有石桌椅供学生修读。

体育学院办公楼前也有 5 株柏木。秋季站在体育学院办公楼阳台，看前面的柏木枝繁叶茂，一片翠色，旁边又有一棵火红的凤凰花，烦躁一涤而净。

体育学院办公楼，原为 1959 年年底嘉庚先生受福建体委的委托而建造的航海俱乐部。

蓖 麻

蓖麻又名大麻子、草麻。

蓖麻是大戟科蓖麻属一年或多年生草本植物，高可达 5 米，小枝、叶和花序通常被白霜，茎多汁液。叶轮廓近圆形，长和宽达 40 厘米或更大，掌状 7～11 裂，裂缺几达中部。叶柄粗壮，中空。总状花序或圆锥花序，长 10～30 厘米；花单性，雌雄同株。蒴果球形，有软刺，成熟 3 裂。种子长圆形，有光泽并有黑、白、棕色斑纹。花期 5—7 月或全年。

蓖麻经济价值非常高。蓖麻子含油量 50%左右，榨的油叫蓖麻油，医药上做泻药，工业上做润滑油，被称为"绿色可再生石油资源"，是替代石油生产化工原料最理想的植物油脂。

蓖麻叶可以养蚕；茎秆可制板和造纸；根、茎、叶、籽均可入药；蓖麻毒素是重要的抗癌物质。

蓖麻全株光滑，掌状裂叶，大而美观，可作为风景植物。

集大新校区西侧道路外、集大宾馆南侧绿地有许多野生蓖麻，轮机工程学院西北侧绿地也有蓖麻自然生长。

变叶木

变叶木也叫变色月桂，原产于东南亚及太平洋地区。

变叶木为大戟科灌木或小乔木，叶片革质，含花青素，叶色经常由绿、黄、白、橙、粉红、紫等多色相杂，五彩缤纷。这些色彩鲜艳的叶片上点缀着千变万化的斑点和斑纹，犹如锦缎上洒满金点，所以人们称之为洒金榕。

变叶木是自然界中颜色和形状变化最多的观叶植物，色彩艳丽，不是鲜花而胜似鲜花。常被孤植、丛植用于园林美化，也被用作绿篱，或盆栽用于厅堂装饰。枝叶是非常好的花篮和插花配叶料。

变叶木有120多个品种。因容易嫁接，人们把不同叶形、叶色的多种变叶木嫁接在同一株树上，显得更加七彩斑斓，漂亮非常。

集大新老校区都有变叶木分布，水产学院体育馆前面有多个品种的变叶木，很是漂亮。新校区人工湖边，有的变叶木叶片卵形或倒卵形，有的叶片却波浪起伏呈螺旋型。

光前体育馆对面斜坡绿地，西苑餐厅门口，陈延奎图书馆门前草地两侧都有变叶木，盛夏时特别鲜艳美观。西苑餐厅对面学生公寓楼旁边的变叶木，与龙船花、散尾葵等组成错落有致、色彩丰富的彩化绿化带，视觉效果极好。

变叶木犹如四季常开的"花朵"，学校的较大型会场布置时也经常用到变叶木盆栽。

遍地黄金

遍地黄金又名巴西花生藤、南美花生藤、落地花生。原产南美洲。

遍地黄金为蝶形花科花生属多年生草本植物。茎蔓生，匍匐生长。须根多，主根长达 30 厘米，均有根瘤。复叶互生，小叶两对，夜间会闭合，倒卵形，全缘。黄色蝶形花，鲜艳金黄。花量多，自花受粉。开花后结荚果，长桃形，果壳薄。结果时间长，果实易分散，收获率低。

遍地黄金生长健壮，因其对光照强度适应范围广，四季常绿，花色鲜艳，可用于建立开阔草地，或作为荫蔽环境的地被植物。由于具有结瘤固氮能力，因此不用施氮肥，只要施用少量磷钾肥即可。

集大校园种植的遍地黄金，主要在嘉庚图书馆、引桐楼一号学生公寓、轮机工程学院育美楼等四周，南门进来往集大宾馆路边，教师教育学院基石雕塑旁边等处，用于地被绿化。

尚大楼前广场有两棵大榕树，树下平台种着遍地黄金，已经长得十分茂密，叶子碧绿，配以黄色小花，确有"遍地黄金"之感，很是清新美丽。

菠萝蜜

菠萝蜜又名苞萝、木菠萝、树菠萝、大树菠萝、蜜冬瓜、牛肚子果。原产印度，隋唐时传入我国。

菠萝蜜为桑科常绿乔木，树高可达20米，树干基部有板状根。叶片革质，绿色有光泽。菠萝蜜的花长在树干或粗枝上，属于茎花植物。花期2—3月，果熟期7—8月。

菠萝蜜最奇特的地方还是果实，很多花结成的果聚集在一起而成聚花果。椭圆形状，外皮棕绿色，有棱角突起，坚硬有软刺。因其长相奇特，看过之后终身难忘。

据说菠萝蜜是世界上最重、最大的水果，一般重达5～6公斤，最重超过50公斤。

菠萝蜜是世界著名的热带水果，被誉为"热带水果皇后"，其果实内有数十个淡黄色果囊，成熟时金黄色，鲜果肉肥厚柔软，食之清甜可口。有特殊的蜜香味，吃完口齿留芳，所以菠萝蜜有个浪漫的名字叫"齿留香"。绿色未成熟的果实也可作蔬菜炒熟食用。种子长约3厘米，富含淀粉，直接放入开水煮熟，就可以食用。

菠萝蜜果实有止渴、通乳、补中益气功效。李时珍《本草纲目》中记载："菠萝蜜性甘香……能止渴解烦，醒脾益气。"

菠萝蜜树形整齐，冠大荫浓，既是果树，又是优美的庭荫树和行道树，具有很高的观赏价值。

在集大，航海学院海通楼北面的那棵菠萝蜜为校内最大者，树龄估计也最长。该树每年开花，6月份时，一个个硕大的果实，从树的根部开始，挂满整棵树的各个枝条，看起来分外诱人。常想等它成熟时摘一个来品尝，可惜总是没有口福，下手太迟，早就被人摘走了。

体育学院教工住宅区、财经学院敦书楼南侧都有高大的菠萝蜜。

新校区的万人餐厅（材塗膳厅）门口、学生公寓内都种有菠萝蜜，已经能开花结果。当然，还是经常未成熟就被人摘去！

侧 柏

侧柏又叫扁柏、香柏。是中国特有树种。

侧柏为柏科常绿乔木，树高可达 20 米，胸径可达 1 米。树皮红褐色，纵裂。小枝扁平。叶鳞片状。雌雄同株，球花单生枝顶。球果近卵形。种子长卵形。花期 3—4 月，种熟期 10 月。

侧柏喜光、耐寒、耐旱、抗盐碱，为温带阳性树种，喜湿润肥沃排水良好的钙质土壤。浅根性，侧根发达、萌芽性强、耐修剪、寿命长，抗烟尘及二氧化硫、氯化氢等有害气体。

侧柏可用于行道、亭园、大门两侧、绿地周围、路边花坛及墙垣内外种植布景。耐修剪，可做绿篱。是中国应用最广泛的园林绿化树种之一，自古以来就有栽植。北京天坛种植大片的侧柏以营造肃静清幽气氛。侧柏为北京市树。

侧柏木质软硬适中，细致，有香气，耐腐力强，多用于建筑、家具、细木工等；树皮、根、叶和种子可入药；种子可榨油，供制皂、食用或药用。但中国植物图谱数据库将其收录进有毒植物名录，其枝、叶有小毒。

集大的侧柏主要在财经学院文渊楼前，少有人注意它们，其实开花的时候非常好看。过去老校区多种柏树类植物，现在新校区较少种植，认为是淘汰树种。

据《集美周刊》第 275 期记载，集美农林学校森林系的侧柏、相思等苗木，曾经卖给当时的厦门海军堤工处、集美小学、师范等单位，甚至"金门中学购去数百株"、"南安中学百余株"。

长春花

长春花又名日日春、日日草、日日新、三万花、四时春、时钟花、雁来红，等等。

长春花是夹竹桃科长春花属多年生草本植物。株高可达 1 米，茎直立，多分枝。叶对生，长椭圆状，全缘，两面光滑无毛，主脉白色明显。花序聚伞状顶生，有红、白、紫、粉、黄等多种颜色，花冠高脚蝶状，5 裂，花朵中心有深色洞眼。

长春花嫩枝顶端，每长出一片叶子，叶腋间就冒出两朵花，因此花朵特别多，花势繁茂，花期近全年，有"日日春"之称。全草入药可止痛、消炎、安眠、通便及利尿等。是国际上应用最多的抗癌植物药源。但其茎叶白色乳汁有剧毒，千万不可误食。

长春花姿态优美，花期长，适合布置在花坛、花境，也可作盆栽观赏。

集大东大门校名墙下花坛、南大门校名石周边花坛、尚大楼前圆形花坛、财经学院古龙大礼堂前榕树下、集诚楼外广场陈嘉庚铜像前花坛、诚毅学院李尚大铜像前喷泉周围，都种植长春花。其他校区也有分布。

集诚楼外广场的陈嘉庚先生铜像，于 2004 年 10 月，由时任全国政协主席的贾庆林亲自揭幕。诚毅学院李尚大铜像，则是集美大学为了纪念优秀的集美校友、集美大学校董会副主席、著名印尼闽籍企业家、侨领李尚大先生而铸制，于 2009 年 11 月 21 日李尚大先生逝世一周年时揭幕。

集大的长春花以红色为主，古龙大礼堂前榕树下的长春花杂有白色品种。

长春花的花语是"愉快的回忆"。集大的那些长春花也很尽职尽责，一年四季花繁色艳，热闹开花，好让师生与游人们有个愉快心情。它们其实也很幸福的，多少学生与家长在刻有"集美大学"大字的校名墙或校名石前面拍照，长春花们优先进入镜头，留得青春永驻。

翅荚决明

翅荚决明,别名刺荚黄槐、刺荚槐、有翅决明、对叶豆,厦门称之为翼果决明。原产美洲热带地区。

翅荚决明为苏木科决明属直立灌木,高 1.5~3 米;粗壮绿色枝。羽状复叶,小叶 6~12 对,薄革质,倒卵状长圆形或长圆形。顶生和腋生总状花序,花梗单生或分枝,长 10~50 厘米;花直径约 2.5 厘米,芽时为长椭圆形、膜质的苞片所覆盖。花瓣黄色,有明显的紫色脉纹。荚果长带状,果瓣中央顶部有直贯至基部的翅,故名翅荚决明。花期 11—1 月;果期 12—2 月。

集大轮机工程学院北侧预留地有翅荚决明。开花时,但见碧绿复叶枝头,高举大朵之花,自下往上逐渐开放,金黄灿烂,颇为艳丽壮观。看着感觉心情愉悦,顿生喜爱。翅荚决明漂亮而又花期长,实属极好的观花植物,今后校园内可更多栽植以供欣赏。

翅荚决明不仅有较高的观赏价值,也是重要的药用植物。

春 羽

春羽又名春芋、羽裂喜林芋、喜树蕉、小天使蔓绿绒、羽裂蔓绿绒。原产巴西、巴拉圭等地。

春芋是天南星科喜林芋属多年生常绿草本观叶植物。植株高可达 2 米。茎短，叶从茎的顶部向四面伸展，呈丛生状。叶柄坚挺而细长，可达 1 米，叶片巨大，羽状深裂，浓绿而有光泽。肉穗花序。浆果。

春羽最令人难忘还是叶片，羽状深裂，浓绿色且富有光泽，叶姿秀丽，观赏效果好。春羽耐阴，是极好的室内喜阴观叶植物。在宾馆大厅、办公室、客厅、书房等处常见布置，很是美观。

集大新校区的教学楼、学生公寓旁边多种植春羽，美岭楼东南侧墙角就有一处春羽，长势非常旺盛，叶片浓绿，绿意盎然，壮观大方。

刺 桐

刺桐别称山芙蓉、空桐树、木本象牙红。原产亚洲热带。

刺桐为刺桐属落叶乔木。高可达 20 米，树身高大挺拔，分枝粗壮，铺展，枝叶茂盛。树皮灰色，有圆锥形刺。叶为羽状三出，互生，膜质，平滑，小叶 3 枚。叶柄长，有托叶，茎部各有一对腺体。先花后叶，早春枝端抽出密集总状花序，有橙红、紫红等色。荚果壳厚，念珠状，种子暗红色。

刺桐属植物约 50 种，常见的观赏种有：珊瑚刺桐，又名龙牙花，原产北美及西印度群岛；火炬刺桐，又名象牙红，原产非洲东南部；黄脉刺桐，叶脉处具金黄色条纹；大叶刺桐，别名鹦哥花，原产中国南部。

刺桐每年花期时，花色鲜红，花序硕长，形如辣椒。是公园、绿地及风景区常见的绿化美化树种。

在我国一些地方的旧俗里，人们曾以刺桐开花的情况来预测年成，如当年花期偏晚且花势繁盛，就认为来年一定会五谷丰登，六畜兴旺，否则相反。

刺桐是阿根廷的国花，受到人们普遍喜爱。泉州在五代时环城及在巷陌中遍植刺桐，因此别称刺桐城，现以刺桐为市花。

在我国诗词里，刺桐的踪影时有所现。如唐朝李珣的《南乡子》：

相见处，
晚晴天，
刺桐花下越台前，
暗里回眸深属意，
遗双翠，
骑象背人先过水。

航海学院的操场边、科学馆校区北楼宿舍旁、财经学院文学楼后、尚忠楼前球场外绿地、工商管理学院教学大楼边、音乐学院北侧绿地、教师教育学院排球场旁边及女生公寓楼内，集大校园内多处可见刺桐身影。

新校区西侧道路外绿地有多处种植刺桐，文学院北侧也有几棵。刺桐开花时，绿叶红花，极具喜气，令人喜爱。

葱 兰

葱兰又名葱莲、玉帘、白花菖蒲莲、韭菜莲、肝风草。原产墨西哥及南美各国。

葱兰为石蒜科玉帘属多年生常绿草本植物。株高20～40厘米。鳞茎直径达2.5厘米。叶基生，扁线形，稍肉质，与花同时抽出，长约30厘米，暗绿色。花梗短，花茎中空，单生，白色花被，6片，花冠直径约5厘米，花瓣长椭圆形至披针形。花期8—11月。蒴果近球形，三瓣开裂；种子黑色，扁平。

葱兰植株整齐美观，叶子则像葱一样碧绿可爱，花朵洁白无瑕，是极美丽的观花观叶植物。多用于花坛镶边、疏林地被以及花径花坛，或盆栽室内摆放，极为雅致。有人把葱兰栽植在水箱中，叶片鲜亮可观。

厦门园博苑多处成片种植葱兰，形成地被。

集大的葱兰种植在新校区学生公寓道远楼南侧、建安楼北侧的树下草地。建安楼外初见葱兰时，它们恰好在开花，小小的洁白花朵，点缀在细细的线形绿叶之间，感觉颇为淡雅。文学院南侧绿地也种植葱兰。

葱兰花色淡雅，其花语是"初恋、纯洁的爱"。在学生宿舍区种植葱兰，或许是要提醒同学们该珍惜些什么。

翠芦莉

翠芦莉又名蓝花草。原产墨西哥。

翠芦莉为爵床科芦莉草属草本植物。有高性种和矮性种两种。高性种株高可达 1 米。茎略呈方形，红褐色。单叶对生，线状披针形，暗绿色，新叶及叶柄常呈紫红色。叶全缘或疏锯齿，叶长 8~15 厘米。花腋生，花径 3~5 厘米。花冠为漏斗状，5 裂，具放射状条纹，蓝紫色，少数粉色或白色。

翠芦莉花期 3—10 月，花期极长，春至秋季开花不断，其优雅的蓝紫色，显得格外引人注目。集美浔江路绿化带种植有矮性种翠芦莉。

集大财经学院文学楼后有几处花坛，种植了高性种翠芦莉，开花时节花朵繁多，蔚为壮观。

大花芦莉

　　大花芦莉是爵床科芦莉草属常绿小灌木。原产巴西等南美洲国家。株高60～100厘米。叶椭圆状披针形，对生，叶面微卷。花冠腋生，圆筒状，先端五裂，桃红色，春夏秋为盛花期，开花不断。

　　集大校园里，只在财经学院文学楼后几处花坛有种植大花芦莉，与翠芦莉一起，紫色与红色的花朵同时盛开，组成条块状、色彩艳丽的花境。

大王椰子

大王椰子是棕榈科常绿乔木。棕榈科植物很多，分不清楚，叫不出名字，但大王椰子不需要努力就能永久记住，因为它茎干高大，高可达35米，粗壮直立，茎干直径可达80厘米，是见过的最高大的棕榈类植物。羽状复叶，聚生茎顶，叶大型，长4～8米；羽状全裂，小叶披针形。花序分枝多，长50～80厘米。果球形。

大王椰子是我国引种最早的棕榈类植物，早在上世纪三四十年代就引种到厦门大学。或许正是由于树干高耸挺直，南方城镇广泛种植为行道树，或用于道路中间绿化隔离带，或用于河边林荫小道等园林景观。

集美区集源路中间有一排长长的绿化隔离带，种的就是大王椰子，高大的大王椰子组成树墙，树下是三角梅绿篱以及经常更换的草花，整条街道显得壮观气派、整洁美丽。

大王椰子树干高直，树叶稀少，遮荫作用极小，不适合作为庭荫树，只能成为观赏树。而且，大王椰子的落叶和枯枝容易自然脱落，掉落时容易砸中过往的行人和车辆，有一定的安全隐患。厦门曾报道过路行人被其落下的"树叶"砸晕，可见其叶之大。

集大各校区均种有大王椰子，主要分布在尚大楼前、集大宾馆北侧绿化带、工商管理学院教学大楼前、嘉庚图书馆楼前广场、新校区北门内绿化隔离带、诚毅学院主干道及其行政中心景祺楼周围，刚刚装修一新的财经学院敦书楼西侧。其他校区各处也有点缀种植。

嘉庚图书馆建于2003年，5层，建筑面积19093平方米，是集美大学第一座以校主陈嘉庚名字命名的建筑。诚毅学院的景祺楼，高107米，共20层，建筑面积42844平方米，以厦门籍印尼华侨王景祺名字命名。

大叶红草

大叶红草别名红龙草、红苋草。原产巴西。

大叶红草是苋科虾钳菜属多年生草本植物，高30～60厘米。茎杆及叶片铜红色，春至夏季转绯红或桃红色。金秋十月，开出乳白色花朵，小球形。

大叶红草生性强健，耐热、耐旱瘠、耐修剪，丛植、列植均极美观，彩化效果好。

集大老校区科学馆四周、财经学院文津楼前有大叶红草，新校区的嘉庚图书馆前及尚大楼四周、人工湖岸等处也有种植。

大叶红草与红花继木的颜色经常很像，两者常并列种植。大叶红草丛植成片，色调绯红，开花时白色的小花星星点点，在绿色中突出色彩变化，取得视觉美感。

大叶榕

大叶榕又名黄葛榕、黄葛树、黄桷榕、黄桷树。原产我国华南和西南地区。是重庆市的市树。

大叶榕为桑科榕属落叶或半落叶乔木。高达 26 米。叶互生,卵状长圆形,薄革质或坚纸质,长 8～16 厘米,宽 4～7 厘米,基出 3 脉,全缘;托叶广卵形。花序单生或成对腋生,或生于已落叶的枝上。隐花果球形,成熟时黄色或红色,无梗。

大叶榕喜光,耐旱、耐瘠薄,有气生根,适应能力强,在园林绿化中广泛应用。

大叶榕树大荫浓,树姿壮观,是集大新校区绿化的重要树种,是学生公寓边道路主要行道树。春寒过后,大叶榕叶片转黄,满树金黄灿烂。轻风吹拂,黄叶随风飘落满地,真是春有秋景。

大叶紫薇

大叶紫薇是千屈菜科落叶乔木,原产亚洲热带地区。

大叶紫薇树干直立,分枝多,枝开展,圆伞形。树皮黑褐色。叶片较大,单叶对生,长卵形至长椭圆形,长可达 20 厘米。顶生圆锥花序,紫色。花形奇大,所以也叫大花紫薇。蒴果倒卵形或球形,直径约 2 厘米。夏末,布满枝头的青色蒴果,正在盛开的紫色花,与满树绿叶同在,奇特美观。

一般来说,大叶紫薇作为观花植物,夏季开花,花在枝条顶部,向上成串朝上绽开,紫色花朵布满枝头,形成紫色花海。下面是大大的绿色叶片,华丽壮观,让人惊艳。

大叶紫薇作为观叶植物也非常奇特,叶片较大,质感平滑,平时绿色,到冬天转为红色或暗红色。厦门时令较晚,经常到春寒时节才红叶满枝,在一片绿树中显得孑然鲜艳而显眼,就像素衣人群中的红衣姑娘。

集美区同集路边成排种植大叶紫薇,盛夏时满路的大花树,蔚为壮观。

集大新老校区多处种有大叶紫薇,例如财经学院图书馆门前草地上。新校区人工湖边有棵紫薇树,季节变化时,满树叶子全变成红色和暗红色,在春日暖阳照耀下,异常好看。

新校区 3、4 号学生公寓楼旁有成排的大叶紫薇,大朵的紫色花,向着学生宿舍的窗口探头探脑。

宋代诗人杨万里有诗赞紫薇:

> 似痴如醉丽还佳,
> 露压风欺分外斜。
> 谁道花无红百日,
> 紫薇长放半年花。

杜鹃花

杜鹃花，别称映山红、山石榴、山踯躅、红踯躅。江西、安徽、贵州均以杜鹃为省花。

杜鹃花为杜鹃花科杜鹃花属植物，习性由常绿到落叶，由低矮的地表覆盖植物到高大的乔木不等。有高可达 20 米以上的大乔木，也有高仅 10 厘米的小灌木，主干直立或呈匍匐状，枝条互生或轮生。

杜鹃花属种类繁多，我国有丰富的杜鹃花资源，世界第一，约有 530 种。福建屏南县有棵树龄在 400 年以上的变种锦绣杜鹃，十分珍贵。武汉云雾山有万亩杜鹃花，花开时节，漫山遍野姹紫嫣红，武汉专门举办木兰杜鹃节。贵州黔西县被誉为杜鹃花之都，那里延绵 50 公里生长着一条自然野生杜鹃林。湖北麻城分布有 100 万亩古杜鹃，其中的龟峰山原生态古杜鹃群落，是迄今发现的我国最大古杜鹃原始群落。

白居易有赞美杜鹃的诗《山石榴·寄元九》：

　　闲折二枝持在手，
　　细看不似人间有，
　　花中此物是西施，
　　鞭蓉芍药皆嫫母。

杨万里亦有《杜鹃花》诗：

　　何须名苑看春风，
　　一路山花不负侬。
　　日日锦江呈锦样，
　　清溪倒照映山红。

杜鹃花叶兼美，园林中常栽植在林缘、溪边、池畔及岩石旁，或散植于疏林下，或作为花篱。

杜鹃树皮和叶可提制烤胶，木材可做工艺品。有的杜鹃叶花可入药或提取芳香油，有的花可食用。映山红的花味酸无毒，可生食。大白杜鹃、粗柄杜鹃的花至今是滇中人民的美蔬。黄色杜鹃的植株和花内均含有毒素，误食会中毒。白色杜鹃花含有毒素，中毒后引起呕吐、呼吸困难、四肢麻木等。

集大老校区少种杜鹃花，但新校区许多地方却成片种植，尤其在东大门进来往海外教育学院对面的斜坡绿地上，尚大楼周围的教学楼边等处。学校南门进来往集大宾馆路边也种有开白色花的杜鹃。

鹅掌柴

鹅掌柴，也叫鸭脚木、伞树、小叶伞树、矮伞树、手树，植物书上多称为鹅掌藤。

鹅掌柴为五加科几种热带常绿灌木或乔木的统称。株形优雅，掌状复叶7～9片，四季常春。一些品种的青白色花絮，很是奇特漂亮。花期10—11月。

鹅掌柴能耐弱光条件，广泛栽作室内观叶植物。可盆栽布置于客室、书房和卧室。叶片可吸收尼古丁和其他有害物质，通过光合作用将之转换为无害的植物自有的物质。由于容易栽种和修剪养护，大量应用于校园绿化。

集大各校区都有鹅掌柴的身影，一些地方用作绿篱，一些地方则成片种植增添绿意。

新校区尚大楼内庭及周围也种满鹅掌柴，呈现自然和谐的绿色环境。

番木瓜

番木瓜又称木瓜、番瓜、万寿果、乳瓜、石瓜、蓬生果、万寿匏、奶匏。原产墨西哥。

番木瓜是番木瓜科常绿软木质小乔木，高达 8～10 米，具乳汁；茎不分枝或有时于损伤处分枝，具螺旋状排列的托叶痕。叶大，聚生于茎顶端，近盾形，直径可达 60 厘米，通常 5～9 深裂，每裂片再为羽状分裂；叶柄中空，长达 1 米。花、株均分雌雄两性。果实形状有圆形、椭圆形、球形、梨形等，果肉柔软多汁，味香甜。种子近圆形，黄褐色或黑色。花果期为全年。

番木瓜果实长于树上，外形像瓜，所以叫木瓜。记得在老家，田边屋角常有一株两株木瓜，叫做万寿匏。

除鲜食外，番木瓜还可加工成果汁、果酱、蜜饯、腌渍；青果中含果胶，可提取制成木瓜果胶代血浆。番木瓜有消食、驱虫、消肿解毒、通乳、降压等药用。

集大校园不以番木瓜为专门绿化植物，也不专门种植为果树，但教工住宅区、教学楼、学生宿舍楼旁边常有单棵番木瓜生长，各校区都可见其身影。财经学院文澜楼教室前就有一棵，果实累累。

除了树叶优美、果实奇特，番木瓜的粉黄色花朵也非常漂亮，把番木瓜作为观赏果树，其实很不错。

在航海学院外、集美岑西路早期"集美学校"西门边也有一棵番木瓜，与西校门相伴。

番石榴

番石榴又名鸡屎果、翻桃子、番桃、拔子、芭乐、喇叭番石榴。

番石榴是桃金娘科番石榴属热带常绿小乔木或灌木，高 4~6 米，无直立主干。树皮薄，深褐色，老干树皮片状剥离。浆果球形、倒卵形或洋梨形，果肉由花托及子房壁发育而成；幼果绿色，成熟果淡黄色、粉红色或全红色；果肉白色、淡黄色或淡红色。种子多数或无，细小，黄褐色。

番石榴是亚热带名优水果，因甘甜多汁为人们所喜爱。果肉柔滑，营养丰富，可增加食欲，促进儿童生长发育。番石榴不仅可以直接食用，还可加工果汁、果酱、果冻、水果蜜饯等不同形式的食品。

番石榴是闽台特产。记得小时候，在房子后面有一棵番石榴，闽南话叫拔子，果实乒乓球大，成熟时黄色，果皮脆薄，吃起来肉质细嫩，香甜爽口，百吃不厌。有时会把叶子摘下来在手里揉搓，有一股特殊而好闻的香味。

现在虽然也经常吃拔子，但也许是味觉多了，嘴巴刁了，很少再有当年的甜爽感觉。

集大各校区都零星种植番石榴，建安楼东侧路边就有一棵，和榔榆树一起站在那里，安静地等待学生上下课。

据《集美周刊》记载，叶道渊曾于 1928 年在集美农林学校亲自种植了许多番石榴，为菲律宾品种，面积约 20 亩，四五百株。叶道渊（1891—1969）字贻哲，安溪人。北京农业大学毕业，留学德国，获林学博士学位。回国后应陈嘉庚之聘，任集美高级农林学校校长。

非洲茉莉

非洲茉莉别名华灰莉木、箐黄果。

非洲茉莉为马钱科灰莉属常绿灌木或小乔木。枝条色若翡翠，叶片油光闪亮。花朵簇生于花枝顶端，每朵五瓣，呈伞状，花形优雅，略带芳香。花期长。

非洲茉莉株形丰满，叶片碧绿青翠，令人喜欢，是近年流行的室内观叶植物。

集大校园里的非洲茉莉多被修剪成球型，也有丛植为绿篱，各校区都可见。如果有谁不认识，可以到尚大楼车库入口路边草地现场寻找辨认。

中山纪念馆西侧成排种植非洲茉莉，甚是好看。

凤凰木

凤凰木别称火树、红花楹、金凤。原产非洲。

凤凰木是豆科凤凰木属乔木，树高达 20 米。树冠高大宽阔，枝条横向伸展如凤凰展翅，开花时满树红花如浴火凤凰，所以叫凤凰木。由于树形为广阔伞形，树冠横展可达数十米，枝叶浓密，是良好的遮荫树，因之得名影树。羽状复叶，有羽片 10～23 对；每羽片有小叶 20～40 对。一般花期 5—8 月，果期 10—12 月。

凤凰木为厦门市树，全市各地普遍栽植。每年夏季，大街小巷凤凰花开，艳花簇簇，花红叶绿，荫凉满城，许多市民就在凤凰树下纳凉、泡茶，成为靓丽景观。

集大校园各处都有高大的凤凰木，航海、轮机、体育等学院操场边上，财经学院尚忠楼后，教师教育学院基石广场两侧、新师楼前等；新校区也有多处种植。

2000 年 11 月 12 日，时任福建省省长、集美大学第二届校董会主席的习近平，在出席二届校董会第一次全体会议时，在学校国际学术交流中心左侧种植的会议纪念树，也为凤凰木。

凤凰花开的季节正是莘莘学子准备毕业离校的时候，穿着学士服的毕业生，成群结队来到红艳如火的凤凰树下合影，作离别之前的一拥一抱，所以凤凰木又叫"毕业树"。

很多学生和校园的凤凰木结缘，曾志霖是轮机工程学院2013届的国防生，他在《心中的凤凰木》一文中深情地说："学院的操场旁边，也有这么三棵凤凰木……离别之际，我和这三个大家伙合了张影。我的迷彩和它们的绿模样多么和谐。"

张明敏的《毕业生》中深情唱到："蝉声中那南风吹来，校园里凤凰花又开，无限的离情充满心怀，心难舍师恩深如海……"

去年学校各处凤凰花都开得异常热烈，也许是气候原因，今夏校内的凤凰花都开得不甚热烈。直到8月中旬，一些凤凰木忽然盛开，9月份入学的新生，也就有幸目睹到处都是的美丽的凤凰花。

凤凰木很漂亮，成熟的荚果硬革质，很像一把弯刀，小孩子喜欢拿着玩。但是花与荚果内的种子有毒，小孩子误食会中毒，症状是头晕、流口水、

腹胀、腹痛与腹泻等。

据民国《厦门市志》载："（凤凰木）民国初，厦门始有。"《同安文史资料》则明确记载，凤凰木是陈嘉庚从非洲引入到集美，1935年传入同安。

佛肚竹

佛肚竹又名佛竹、罗汉竹、密节竹、大肚竹、葫芦竹。原产我国华南。

佛肚竹为禾本科丛生型竹类植物。幼秆深绿色，被白粉，老时转榄黄色。佛肚竹秆正常圆筒形，高8～10米，节间30～35厘米；畸形秆通常25～50厘米，节间较正常短。佛肚竹因茎秆基部及中部均为畸形，节较短，两节间膨大如瓶，形似佛肚，因之得名佛肚竹。

佛肚竹性喜温暖、湿润、不耐寒，宜在肥沃、疏松、湿润、排水良好的砂质壤土中生长。常作盆栽，人工截顶培植，形成畸形植株以供观赏；在地上种植时则形成高大竹丛，偶尔在正常竿中长出少数畸形竿。

集大的佛肚竹，种植在航海学院即温楼前面，与九里香、假槟榔相伴。偶尔路过即温楼前去海苑餐厅吃饭时，会顺手摘下一小片佛肚竹叶吹口哨，清脆响亮。

教师教育学院图书馆周围、水产学院办公楼前，

新校区人工湖边等处也有佛肚竹，姿态秀丽，四季翠绿，为校园美景增添雅趣。

扶 桑

扶桑别名佛槿、朱槿、佛桑、大红花、赤槿、月月红、木花、公鸡花、吊灯花。

扶桑原产我国华南，先秦《山海经》中就记载"汤谷上有扶桑"。李时珍《本草纲目》说："扶桑产南方，乃木槿别种。其枝柯柔弱，叶深绿，微涩如桑。其花有红黄白三色，红者尤贵，呼为朱槿。"明代徐渭《闻里中有买得扶桑花者》诗之一："忆别汤江五十霜，蛮花长忆烂扶桑。"

扶桑为锦葵科常绿大灌木，品种繁多，目前全球多达3000种以上，以夏威夷为最多。扶桑是马来西亚、巴拿马和斐济群岛共和国等国的国花。1661年由华南引入台湾，现在是高雄的市花。

扶桑的花朵呈喇叭状，有单瓣和重瓣，最大花径达25厘米，花心由多数小蕊连结起来。花期很长，全年开花不断且量多，尤其夏季，红花绿叶，感觉鲜艳清爽。扶桑花蕾基部有甜甜的蜜汁可以吸食，不敢尝试。

扶桑是非常漂亮的园艺植物，可以做绿篱、庭园灌木花卉、盆栽，等等。厦门市海沧区在一些道路两边乔木树下种植扶桑绿篱，并不修剪，任其自然生长，满路边绿叶红花，非常壮观。

集大老校区轮机工程学院育志楼前有几株扶桑，大致被修剪成球形，开粉白与浅红色花。

新校区陆大楼后有一条数十米长的扶桑绿篱。新校区篮球场边另有叶子为白、红、黄、绿等斑纹变化的彩叶扶桑，十分美丽。

2012年对尚大楼前绿化进行改造，种植了12处扶桑，准备修剪成球形，种下当年即开许多红花。这些扶桑成长迅速，夏季时叶子翠绿新鲜，红花盛开，姹紫嫣红，鲜艳夺目，真正形成"红花需要绿叶配"的美丽景观，令人喜爱，常引来路过师生及游人拍照。

福建茶

福建茶别名基及树、小叶厚壳树、猫仔树。分布于我国闽台、两广等省区。

福建茶为紫草科矮小常绿灌木，高可达 3 米。叶在长枝上互生，在短枝上簇生；叶小，革质，深绿色，倒卵形或匙状倒卵形，边缘常反卷，先端有粗圆齿，表面有光泽，有白色圆形小斑点，叶背粗糙。聚伞花序腋生，或生于短枝上，花冠白色或稍带红色，针状。核果球形，成熟时红色或黄色。

福建茶多分枝，枝干可塑性强，叶片厚而浓绿，且花期长，春花夏果，夏花秋果，形成绿叶白花、绿果红果相映衬。常用于制作盆景，或配置于庭园中观赏。

漳州的道路隔离带及花园常种福建茶，成带状并整齐修剪，非常美观。

集大新校区建设时，教学楼、学生公寓、篮球场边大量种植福建茶，如美岭楼南侧、端景楼南侧、弘毅楼北侧。

生长力强、植株密集、耐修剪，所以人们常常种植福建茶为绿篱，修剪得十分整齐，非常好看。

2011 年陈延奎图书馆前草地两侧稍加改造时，又种植了一些福建茶，逐渐修剪成型。

福建山樱花

福建山樱花又名钟花樱桃、绯寒樱。

福建山樱花为蔷薇科李属落叶乔木，是冬季和早春的优良花木。树冠卵圆形至圆形。单叶互生，具腺状锯齿。花单生枝顶或3~6簇生，呈伞形或伞房状花序，与叶同时生出或先叶后花，萼筒钟状或筒状。果红色或黑色，5—6月成熟。花期2—3月。在冬季温暖、霜冻较少的地区，往往于冬季开放，花色绯红，因此又名绯寒樱。

我国秦汉时期就开始栽种樱花，资源非常丰富。据统计，我国产野生樱花有48种，比日本要丰富得多。白居易有描述樱花盛开的诗句："小园新种红樱树，闲绕花枝便当游。"

福建山樱花植株优美漂亮，叶片油亮，花朵鲜艳亮丽，是优秀的观花树种，绿化效果明显。

到武汉大学见识过美丽樱花的人，都回来游说学校种些樱花。但樱花对气候有些挑剔。平和县境内，闽南第一高峰、海拔1544.8米的大芹山上就有野生福建山樱花，非常漂亮。

集大校园本无樱花，2012年在南门进来两侧路边试验性种植了几株，目前已经成活并能开花。2013年11月，福建农林大学给集大赠送300株福建山樱花苗木，种植在新校区。

富贵榕

富贵榕为桑科榕属乔木，产于印度和马来西亚。一般书籍介绍为斑叶高山榕，为园艺品种。

富贵榕株高可达 30 米，枝干易生气根，体内有白色乳液。叶椭圆形，先端尖，全缘，厚革质，叶片上散布淡黄色斑块。

富贵榕喜温暖明亮且湿度较大的环境条件，所以在集大人工湖边多处种植。富贵榕叶色斑驳、绿白相间，远观是花，近看是叶，引人注目。人工湖因为有了富贵榕，整个环境变得更加色彩丰富。夏秋之时，站在尚大楼前东望，近处扶桑花红艳美丽，远处南洋楹绿叶婆娑，其下银合欢洁白如雪，更远处隐约可见火红的凤凰花，然后就是这富贵榕斑驳金黄的华丽身姿，在阳光下金灿灿的，整棵树跃然突出于湖岸绿色海洋之中，十分亮丽美观。

让人不由赞叹：集大校园，真是美啊！

柑 橘

柑橘又名黄橘、红橘、大红袍、大红蜜橘等，主要产于江西、福建等地。

柑橘为芸香科柑橘属常绿小乔木或灌木，高约3米。分枝多，通常有刺。复叶，长卵状披针形，长4~8厘米，叶渐尖或钝。花黄白色，单生或簇生叶腋。果形许多种，通常扁圆形至近圆球形，橙黄色或橙红色。花期4—5月，果期9—12月。

中国有4000多年的柑橘栽培历史，品种繁多。果实俗称芦柑或橘子，营养丰富，是人体最好的维生素C供给源。吃起来酸甜味，但却是碱性食物。柑橘以橘皮入药，名为陈皮。李时珍指出："橘皮苦能泻燥，辛能散，温能和。其治百病，总是取其理气燥湿之功。"

柑橘树形美观，四季常绿，果实橘黄，色泽艳丽，既是果树，也是极好的园林绿化树。

集大水产学院体育馆边、机械与能源工程学院福东楼边都种植柑橘。这几处柑橘都能少量挂果，果实较小，为未驯化的本地野生品种。

嘉庚先生创办的集美农林学校曾经广泛种植柑橘，引种品种繁多。当时的集美植物园也专门设置芸香区，种植柑橘等各类芸香科植物。

高山榕

高山榕别名马榕、鸡榕、大青树、大叶榕。

高山榕是桑科榕属常绿大乔木，树高可达15米。叶厚革质，有光泽，叶长10～15厘米。浆果如小西红柿，由青绿变黄，成熟后变为红色，可食。

高山榕树冠广阔，树姿稳键壮观；隐头花序形成的果成熟时金黄色，非常适合用作园景树和遮荫树。但其树体量太大，根系过于发达，不太适宜作行道树。

高山榕是西双版纳各民族共同崇拜的"神树"。这种树木不仅十分高大，而且会对热带雨林中的其他树木进行"绞杀"，取而代之；它们的枝丫上有很多气生根，会发育成粗大的支柱根，形成"独树成林"奇观。

集大各校区均有高山榕，教师教育学院图书馆外与交通中心内外一带，有十数棵高大的高山榕，成为学校最大的高山榕群落。夏天时节，落叶缤纷，有时候刚扫完，又落下一大堆，忙坏了清洁女工。车停在树下，刚喝完几口茶，车顶已经落了许多树叶和红色的浆果。

宫粉羊蹄甲

宫粉羊蹄甲又名宫粉紫荆、弯叶树、素心花、洋紫荆。产自喜马拉雅山麓的热带直至马来半岛。

宫粉羊蹄甲为羊蹄甲属落叶乔木，高可达8米。树冠开展，有明显分枝，枝条上有小枝条生出。树皮有明显不规则的裂纹。单叶互生，长5～12厘米。叶的先端往内裂开至叶片长度的1/3，基部呈心形，边全缘。叶面光滑，叶背的叶脉上披有短毛。叶脉11～13条，从叶的基部呈放射状生出。花两性，排列略不整齐，聚生于叶腋位置，粉红色，芳香，由五块分离的花瓣组成，其中一块花瓣带红色及黄绿色条纹。花期春季夏初，大概3—5月。长形荚果，可长达30厘米。成熟时，呈黑色，会裂开放出种子，果期8—9月。

比较特殊的是，据说宫粉羊蹄甲的花芽、嫩叶、幼果都可以做蔬菜。

宫粉羊蹄甲观赏性极强，为极美丽的庭荫树和行道树，在亚热带和热带地区园林绿化中广泛栽培应用。

集大校园里，最漂亮的宫粉羊蹄甲在教师教育

学院篮球场四周，特别是靠近水产学院一侧的整条路边，每当开花时节，那里是真正的"花的海洋"。花分淡红和白色两种，你无法形容那是什么样的花海，既是满目雪白，又是满眼淡红色，真是令人震撼。

集大各校区，如果航海学院以木棉、凤凰花取胜，财经学院以白兰、银桦最多，新校区银合欢、红千层最盛，那么教师教育学院就要数宫粉紫荆最为壮观。

教师教育学院校区教工宿舍楼南边草地上，有单独一棵开白花的宫粉紫荆，开花时只见满树白花，树下也是满地白色落花，一片洁白如雪的世界。

宫粉羊蹄甲的叶和花都与洋紫荆极相似，但开花时便很易识别。深紫色的洋紫荆每年10月开始开花。粉红、白或黄色的宫粉羊蹄甲则在2—5月开花。

其实对于羊蹄甲、洋紫荆、宫粉羊蹄甲的差别，平常人还是经常犯糊涂，到底谁是谁呢？！

桄 榔

桄榔又名莎木、砂糖椰子、糖树、糖棕。

桄榔为棕榈科桄榔属植物，乔木状，茎较粗壮，高达 10 余米，有疏离的环状叶痕。叶簇生于茎顶，长 5～6 米或更长，羽状全裂，羽片呈 2 列排列，线形或线状披针形，长 80～150 厘米，宽 2.5～6.5 厘米或更宽。花序腋生，长 90～150 厘米，花序梗粗壮，下弯，分枝多，佛焰苞多个，螺旋状排列于花序梗上。果实近球形，直径 4～5 厘米，具三棱，顶端凹陷，灰褐色。种子 3 颗，黑色，卵状三棱形。花期 6 月，果实约在开花 2 年后成熟。

桄榔具有较高的经济价值。树干髓心含淀粉，可供食用；幼嫩的种子胚乳可用糖煮成蜜饯，幼嫩的茎尖可作蔬菜，桄榔粉是广西传统特产。果实有毒，但果肉和种子经煮沸、浸泡等加工后可食用，若去毒不够，可致中毒。花序的汁液可制糖、酿酒；叶鞘纤维强韧耐湿耐腐，可制绳缆。

集大水产学院体育馆门口两边的 8 棵桄榔，会让你刮目相看，它们八大守门金刚似的站在那里，太高大粗壮了。桄榔树形美丽，是园林中良好的观形、观叶、观果植物。在校园富有热带风情的植物中，它属于最大型者。此外，校部集诚楼边也有好几棵桄榔。一般称为砂糖椰子。

广岛榕

广岛榕为桑科榕属植物,产地为日本广岛地区,具有一般榕树的特性,但叶子具有独特光泽,叶子比本地榕小,又厚又圆。盆栽嫁接于小叶榕上,管理养护得好,其叶子会像硬币一样又厚又圆,又称金钱榕。

广岛榕盆栽室内外摆设均可。因其耐旱,抗性强,露地种植时长势好,枝叶密集,叶片椭圆形,稍长,约2厘米,极富光泽,是很好的观赏植物。

广岛榕容易结果子,成熟后金黄如小金橘。

一些商家把盆栽的广岛榕叶子全摘光,只留下果实,成为观果植物,也很漂亮。

集大新校区有广岛榕,就在外国语学院西南侧绿地,只有两棵。其中一棵树枝斜长,以后可能会成为"歪脖子树"。走近观察,你会发现这两棵榕树确实独特而美丽。

广玉兰

广玉兰又称荷花玉兰、洋玉兰。

广玉兰是木兰科木兰属常绿大乔木，高可达30米，树冠卵状圆锥形。树皮淡褐色或灰色，薄鳞片状开裂。小枝粗壮，具横隔的髓心；小枝、芽、叶下面、叶柄、均密被褐色或灰褐色短绒毛。叶革质，长椭圆形，长10～20厘米，表面有光泽，背面有锈色柔毛，边缘微反卷。花白色，芳香。花的直径达20～30厘米，花通常6瓣，有时多为9瓣。花大如荷花，故又名荷花玉兰。花期5—7月。种子外皮红色，9—10月果熟。变种叫狭叶广玉兰，叶较狭长，背面毛较少，耐寒性较强。

广玉兰树姿雄伟，叶大荫浓，花似荷花，芳香馥郁，是极好的园林美化树种。

集大新校区第五社区学生公寓楼外种植有许多广玉兰，洁白清丽的花朵如同美丽的"树荷花"，为师生所喜爱。

广玉兰原产于美洲，是合肥市的市树。清朝沈同有《咏玉兰》诗句：

　　翠条多力引风长，
　　点破银花玉雪香。
　　韵友自知人意好，
　　隔帘轻解白霓裳。

龟背竹

龟背竹又名蓬莱蕉、铁丝兰、穿孔喜林芋、龟背蕉、电线莲、透龙掌。原产墨西哥。

龟背竹为天南星科龟背竹属常绿藤本植物。茎粗壮；茎上生有长而下垂的褐色气生根，可攀附它物向上生长。叶厚革质，互生，暗绿色或绿色；幼叶心脏形，没有穿孔，长大后叶呈矩圆形，具不规则羽状深裂，自叶缘至叶脉附近孔裂，如龟甲图案；叶柄长 30～50 厘米，深绿色，有叶痕；叶痕处有苞片，革质，黄白色。花状如佛焰，淡黄色。果实可食用。

龟背竹茎干上着生有褐色的气根，形如电线，故名"电线草"。叶卵圆形，羽状的叶脉间呈龟甲形散布许多长圆形的孔洞和深裂，其形状似龟甲图案，茎有节似竹干，故名"龟背竹"。常附生于高

大榕树上，其羽状平行叶脉清晰挺露，形似芭蕉，故叫"蓬莱蕉"。

龟背竹株形优美，叶片形状奇特，叶色浓绿且富有光泽，观赏效果较好，可用作盆栽室内观赏，作空气净化材料；其叶型独特，可作插花配材。

集大新校区文学院南侧水景边植有龟背竹，工商管理学院大门边有一丛，长势最旺盛。

桂 花

桂花又名汉桂。原产我国南方。

桂花为木犀科木犀属常绿阔叶乔木，高3～5米，最高可达18米。根系发达，树皮灰褐色。叶对生，椭圆形、长椭圆形或椭圆状披针形，光滑，革质，亮绿色。具有叠生芽2～3对。聚伞花序，簇生于叶腋，花冠黄白色、淡黄色、黄色等，花极香。花期9—11月。

桂花分为丹桂、金桂、银桂和四季桂四个品种。丹桂、金桂和银桂都是秋季开花，统称为八月桂。农历八月，古称桂月，是赏桂、赏月的最佳月份。桂花晒干后可做桂花茶，有清香提神功效，还可以做桂花糖、桂花糕等美食。

中国桂花栽培历史悠久，现存百年以上桂花古树2200多株，其中千年以上100多株。陕西汉中市圣水寺一株桂花，相传为公元前206年西汉萧何亲手所植。春秋战国时期的《山海经》就提到招摇之山多桂。宋之问的诗《灵隐寺》有"桂子月中落，天香云外飘"句，所以后人称桂花为"天香"。

李白则有《咏桂》诗：

安知南山桂，
绿叶垂芳根。
清阴亦可托，
何惜植君园。

唐代以来，桂花广泛用于庭园中栽培。古典庭园常用对植，称为"双桂当庭"或"双桂留芳"。

桂花终年常绿，枝繁叶茂，树龄长久。桂花盛开时，花开满枝，芳香四溢，具有很高的观赏价值，是我国特产的观赏花木和芳香树。桂花是汉中市市树，桂林市因桂花树成林而得名。

集大的桂花四处飘香，老校区教学楼、宿舍楼边常有栽植，以财经学院文澜楼前桂花最大。航海学院校区多处种植桂花树，允恭楼后最多，11月中下旬开花，花香四溢。

新校区绿地多处栽植桂树，西苑餐厅东侧桂花最大，开花最多最密。集大桂花多为四季桂，10月中下旬开花最盛，花开时节，幽香四溢。

棍棒椰子

棍棒椰子为棕榈科酒瓶椰属植物。原产马达加斯加岛。

棍棒椰子单干通直，高可达 9 米，常光滑。羽状复叶，丛生茎顶，小叶剑形，先端渐尖。叶柄圆柱形，上面有沟，小叶基部上方有黄色隆肿；叶鞘包成圆柱形，基部突然膨大。茎表面有明显叶痕及花序遗痕。肉穗花序的小梗上着生小花，约 7 朵成螺旋状排列。浆果黑紫色。

棍棒椰子因树干通直，下部略窄，上部较膨大，状似棍棒，故名棍棒椰子。一般作行道树、园景树，也可盆栽观赏。

集大新校区章辉楼西侧道路外绿地等处种植有棍棒椰子。

国王椰子

国王椰子又名佛竹、密节竹。原产马达加斯加。

国王椰子为蜡材榈亚科溪棕属常绿乔木。单茎通直，高 9～12 米，最高可达 25 米，直径可达 80 厘米，表面光滑，密布叶鞘脱落后留下的轮纹。

国王椰子性喜光照充足、水分充足的生长环境。树干粗壮，树形优美，茎部光洁；羽状复叶似羽毛，羽叶密而伸展，排列整齐，飘逸而轻盈，叶片翠绿。为优美的热带风光树，园林上可作庭园配置、行道树等，作盆栽观赏也甚雅。

集大在财经学院黄楼南侧等处有国王椰子，新校区人工湖边也种植了不少国王椰子供师生欣赏。

嘉麟楼学生公寓边的国王椰子长势最为美观漂亮。

嘉麟楼由集大常务校董、陈文确陈六使侄孙、新加坡陈永进控股有限公司总经理陈嘉麟捐建。嘉麟楼南侧的永和楼，由集大常务校董、新加坡陈永和控股有限公司董事长陈嘉谋及亲属捐建。

海南红豆

海南红豆又名大萼红豆、羽叶红豆、鸭公青、食虫树、万年青。原产中国海南。

海南红豆为豆科常绿乔木或灌木植物，高达20多米。树皮灰色，木质部有粘液。幼枝被淡褐色短柔毛，渐变无毛。奇数羽状复叶，小叶7～9片。圆锥花序顶生，长20～30厘米；花长1.5～2厘米；花萼钟状，比花梗长，被柔毛，萼齿阔三角形；花冠粉红色而带黄白色。荚果长3～7厘米，有种子1～4粒。果瓣厚木质，成熟时橙红色。种子椭圆形，种皮红色。花期7—8月。果熟期11—12月。

海南红豆的种子粒圆质硬、色泽鲜红，上面还有一小黑点，状似相思泪滴。因其漂亮的外观，除直接装盒销售外，还被串成项链、手链等首饰、纪念品。唐代王维有《相思》诗：

> 红豆生南国，
> 春来发几枝。
> 愿君多采撷，
> 此物最相思。

集大新校区学生公寓建安楼的北侧有三棵海南红豆。暑假见到，被它满树美丽的花朵所吸引，查了许多资料，问了许多人，都没人知道这是什么树。后来终于在建安楼的相关资料上查到树名。建安楼为3栋7层连体学生公寓，建筑面积16908平方米，为孙吉龙先生任董事长的厦门建安集团所捐建。

海南红豆树冠圆球形，枝叶繁茂，浓绿美观，绿荫效果好，适合作行道树、园景树和庭荫树。海南红豆喜光，对土壤要求严格，喜酸性土壤，喜肥水，抗风。生长较为缓慢，移栽成活较难，否则学校可以多种植一些。

海 桐

海桐别名海桐花、山矾、七里香、宝珠香、山瑞香。

海桐是海桐花科海桐花属常绿灌木或小乔木，高可达 5 米。嫩枝被褐色毛。叶聚生枝端，革质，倒卵形或狭倒卵形，全缘。近伞形花序生于枝顶，有短柔毛，花瓣5，萼片5，雄蕊5，初开时白色，后变黄，有香气。子房密被短柔毛。蒴果近球形，果皮木质。种子暗红色。

海桐枝叶繁茂，株形圆整，叶色浓绿而有光泽，四季常青，初夏花朵清丽芳香，入秋果实开裂露出红色种子，为著名的观叶、观果植物。

海桐广泛分布于集大各校区，多数修剪为球型，为校园增添许多绿意。

海 芋

海芋俗称野芋头、山芋头、大根芋、大虫芋、天芋、天蒙，台湾称姑婆芋。原产南美洲。

海芋是天南星科海芋属多年生草本，高可达5米。茎粗壮。叶互生，纸质，叶柄粗壮，下部粗大，抱茎；叶片阔卵形，长30～90厘米，宽20～60厘米。花序柄2～3枚丛生，长12～60厘米。肉穗花序，芳香，雌花序白色，不育雄花序绿白色，能育雄花序淡黄色，附属器淡绿色至乳黄色，圆锥状。浆果红色，卵状。

海芋叶大如芋，酷似大象的耳朵，又称象耳芋。当环境湿度过大时，其阔大的叶片会往下滴水，故名滴水观音。常被盆栽用于室内、庭院观赏。

海芋球茎和叶可作药用，但有毒，其叶汁入口会中毒。

集大老校区教师教育学院新师楼后、航海学院海通楼外菠萝蜜树下、允恭楼后等处都丛植海芋；新校区教学楼、学生公寓楼内外也多处种植海芋。

海芋最多最漂亮的地方却是轮机工程学院育美楼学生公寓内，榕树下密密麻麻长满海芋，叶大美观，真是绿色的海洋。

含 笑

含笑又名香蕉花、含笑花、含笑梅、笑梅等，原产我国福建及两广地区。

含笑为木兰科含笑属常绿灌木或小乔木。树冠圆形，分枝多而紧密，树皮和叶上均密被褐色绒毛。单叶互生，椭圆形，绿色，光亮，厚革质，全缘。花单生叶腋，花形小，呈圆形，花瓣6枚，肉质淡黄色，边缘常带紫晕。有特殊的香蕉味，故名香蕉花。花期3—4月。果卵圆形，9月果熟。

含笑叶绿花香，树形、叶形俱美，是极重要的园林花木，为历代诗人所吟颂。如宋代邓润甫诗："自有嫣然态，风前欲笑人。涓涓朝露泣，盎盎夜生春。"杨万里诗："秋来二笑再芬芳，紫笑何如白笑强。只有此花偷不得，无人知处忽然香。"李纲《含笑花赋》："南方花木之美者，莫若含笑。绿叶素容，其香郁然。是花也，方蒙恩而入幸，价重一时。花生叶腋，花瓣六枚,肉质边缘有红晕或紫晕，有香蕉气味花期。花常若菡萏之未放者即不全开而又下垂。凭雕栏而凝采，度芝阁而飘香；破颜一笑，掩乎群芳……"

集大校园里多处种植含笑，以财经学院及科学馆前为多，财经学院办公楼前有较高大的含笑。但是最大棵、年代最早、价值最高的应该是在航海学院允恭楼后的含笑。新校区在学生公寓楼外成片种植含笑，其品种多为乐昌含笑。

校园各处含笑花开，花香袭人，浸人心脾。

含笑这花的名字真好，有时想起这名字就觉得快乐美好。

合果芋

合果芋又名箭叶芋、长柄合果芋、紫梗芋、丝素藤、白蝴蝶、箭叶。原产美洲热带雨林。

合果芋为天南星科合果芋属多年生常绿草本植物。根肉质，茎有气生根，蔓性强。叶上有长柄，呈三角状盾形，叶脉及其周围呈黄白色。叶绿色，常有白色斑纹。栽培品种还有黄纹合果芋、白丽合果芋等，叶形多变，很适合作室内盆栽观赏。

合果芋株态优美，色彩清雅，且繁殖栽培容易，深受人们喜爱。人们随便摘一段小枝，即可盆栽或用瓶水养，置于室内摆设观赏。合果芋叶子可以提高空气湿度，能吸收大量的甲醛和氨气。叶子越多，其过滤净化空气和保湿功能就越强。

集大各校区均有合果芋，在树荫下生长、攀缘。嘉庚图书馆内部绿化地就有成片合果芋。尚大楼内

地面花坛也有一些合果芋。

很多老师把合果芋用水养在玻璃瓶子里，摆放在办公室桌子上。绿色的叶子，让人感觉安静而又舒适愉快。

合 欢

合欢又名马缨花、绒花树、夜合树、夜合花、爱情树、鸟绒树、绒树、青裳。因昼开夜合，故名夜合。原产中国、日本、韩国、朝鲜。

合欢是豆科合欢属落叶乔木，高达 16 米。树冠开展呈伞状。树皮灰色。偶数羽状复叶，小叶对生。花序头状，多数，细长总柄排成伞房状，腋生或顶生；萼及花瓣黄绿色；雄蕊多数，长 2.5～4 厘米，如绒缨状。花萼和花瓣黄绿色，花丝粉红色。荚果扁条形。花期 6—7 月。

合欢树冠开阔，姿势优美；叶形雅致，昼开夜合，十分清奇。夏日绒花吐艳，绒花满树，清新美丽，令人悦目心动。极适合于操场边、池畔水滨、河岸溪旁等处散植。合欢树皮及花入药，嫩叶可食，老叶浸水可洗衣，木材可供制造家具。合欢花含有合欢甙，能解郁安神，理气开胃，活络止痛，是治疗心神不安、忧郁失眠、神经衰弱的佳品。合欢花的花语象征永远恩爱、两两相对，是夫妻好合的象征。合欢花常被用于礼仪文化传播、送给朋友表达言归于好。

根据《集美周刊》（第 10 卷第 15 期）何敬寅《集美半岛之重要树木及其具有造林成功者可能之蠡测》一文记载，"缅甸合欢，此树在目前为闽南最适合之行道树；盖杆直而根深，初期颇形速长。在本半岛（集美）之中此树甚有厚望。在科学馆前之行道树，仅十年左右，竟蔚然美丽，成为合抱之巨木矣。"科学馆北侧军乐亭边就有一棵高大的合欢，双人合抱之巨，应该就是上述缅甸合欢。如此，它至少该有 80 年树龄。

财经学院校区陈延奎楼前也有一棵高大的合欢树，开花黄绿色，摇曳多姿，非常美丽。更为可贵的是，其树干离地即分为两大枝，有比翼双飞之势，形态美好。

鹤望兰

鹤望兰别称天堂鸟、极乐鸟花。原产南非、好望角。

鹤望兰为旅人蕉科多年生草本。高可达 2 米,根粗壮肉质。叶对生,革质,长椭圆形或长椭圆状卵形,长约 40 厘米,宽 15 厘米。叶柄长,中央有纵槽沟。花梗与叶近等长。花序外有总佛焰苞片,长约 15 厘米,绿色,边缘晕红,着花 6~8 朵,顺次开放。外花被片 3 个,橙黄色;内花被片 3 个,舌状,天蓝色。

鹤望兰花形奇特,色彩夺目,犹如仙鹤翘首远望,因此得名。又因花形似极乐鸟的头,而称极乐鸟之花、天堂鸟花。丛植于庭院,具有天然景趣。盆栽布置于会议室、厅堂,给人清新高雅之感。

鹤望兰是名贵花卉。其花蕊呈天蓝色,花萼周围的花萼却是艳丽的橙黄色,底部的包片又是镶有紫色花边的兰绿色,花绽开在浓郁挺拔的绿叶中,极似仙鹤昂首遥望之姿,引人注目。人们把它视为幸福、自由、吉祥的象征,极为喜爱。

集大新校区文学院南侧水池景观周围植有鹤望兰,以供师生欣赏。

红背桂

红背桂又名红紫木、紫背桂。因叶背为红色而得名。

红背桂为大戟科常绿小灌木，株高约1米。最容易认识的，是因其单叶对生，表面绿色，背后紫红色。

红背桂枝叶清新秀丽，常用于庭院、公园、住宅小区的绿化，其茂密的株丛，鲜艳的叶色，与建筑物或树丛构成自然、闲趣的景观。也可作为盆栽，用于室内厅堂、走廊摆放。

集大校园里的科学馆、尚大楼周围都有红背桂丛植。诚毅学院李尚大先生纪念雕像周围，也有红背桂，其与其他植物组成美丽花坛。

红 车

　　红车别名红枝蒲桃、钟花蒲桃。为中国特有的植物。一些商家把红车叫做"富贵红"，以迎合顾客购买心理。

　　红车为桃金娘科蒲桃属常绿灌木或小乔木，株高2米以上，株型丰满茂密。新叶红润鲜亮，随生长变化逐渐呈橙红或橙黄色，老叶则为绿色，一株树上的叶片可同时呈现红、橙、绿等多种颜色，非常美丽。

　　红车是南方应用较为普遍的彩叶植物。厦漳高速公路中间的绿化多种植红车，其叶色彩鲜艳，富于变化，司机见之可有效避免疲劳驾驶。

　　集大人工湖东南岸、吕振万楼边等处种植有红车，其树形紧凑，枝叶稠密，新叶萌芽多，红色灿烂，与其他绿色植物相映成趣，十分吸人眼球。

红刺露兜树

红刺露兜树别名红运临头、红刺林投、红章鱼树、红林投、麻露兜树、麻露兜、麻荣兰。原产马达加斯加。

红刺露兜树是露兜树科露兜树属常绿灌木或小乔木,高可达 4 米,叶片螺旋排列,剑状长披针形,宽 3~4 厘米,叶色深绿,有光泽,叶背、叶缘有红色锐刺。基部茎节处着生许多粗壮气生根,根状似章鱼。雌雄异株,雄株开白花,具香味,聚状花序;雌株结果实,外形似凤梨,成熟为红色,极具观赏性。种子成熟缓慢,种子被称作滴血莲花菩提。

红刺露兜树性强健,耐旱、耐阴,幼株可盆栽作观叶植物,成树为庭园美化高级树种。

集大新校区多处种植红刺露兜树,可到人工湖北岸寻找辨认,那里有两株,而新校区南侧葡萄架边有成排的红运临头等着您!

红花继木

红花继木又名红桎木、红继花。主要分布于长江中下游及以南地区、印度北部。

红花继木为金缕梅科继木属常绿灌木或小乔木。为继木的变种。树皮暗灰或浅灰褐色，多分枝。嫩枝红褐色，密被星状毛。叶革质互生，卵圆形或椭圆形，长2～5厘米，先端短尖，基部圆而偏斜，不对称，两面均有星状毛，全缘，暗红色。花3～8朵簇生在总梗上呈顶生头状花序，紫红色。4—5月及9—10月开花。

红花继木枝繁叶茂，姿态优美，耐修剪，可用于绿篱，或作树桩盆景。常与绿色树种配合，丛植成色块，构成独特的风景。

红花继木花叶美丽，花量繁多，是花叶俱美的观赏植物。新枝新叶时，红花盛开时，鲜红的花叶，艳丽可爱，极为美观。

集大在新校区多处种植红花继木，如尚大楼两侧、篮球场西侧沿线，许多红花继木成块种植。

诚毅学院校区大量使用红花继木，取其红色与黄心梅等其他绿色植物组成彩色花坛，很是好看。

红千层

红千层别名串钱柳、瓶刷子树、金宝树,桃金娘科常绿灌木或小乔木。原产于澳大利亚。

红千层最吸引人的地方是穗状的奇特花形,其花序聚生于枝条顶端,向下倒垂,很像一把把红色的瓶刷子,所以又叫瓶刷子树。

春末夏初,红千层开花,色彩鲜艳的花朵像一把把红色的瓶刷子悬挂在软枝上,火树红花,满枝吐焰,随风摇曳,十分好看,惹人喜欢。红千层很适合用来美化庭园,可以作为观花树、行道树、风景树,还可用作防风林,有时用于大型盆栽,修剪整枝成为壮观的盆景。花序则经常被剪取做切花,作为奇丽的插花来欣赏。

集大教师教育学院门前草地上的两株红千层,比较高大,开花时红艳壮观。新校区的陈延奎图书馆前、李光前体育馆北侧、章辉楼西侧、诚毅学院教学楼周围绿地等多处也种植红千层。

陈延奎图书馆由集美大学校董会顾问、菲律宾华侨陈永栽捐建,为读者提供社科书刊资料及电子文献借阅服务。陈永栽热心捐资兴学等公益事业,积极推动华文教育,每年资助大批菲律宾华裔学生来福建进行"菲律宾华裔青少年学中文夏令营活动"。他还编著有《国学研究论稿》《老子章句解读》《文史经典解读》等弘扬中华传统文化的书籍。

李光前体育馆比赛场地达 2200 平方米，能容纳 5000 名观众，由李氏基金会捐建。李光前是陈嘉庚的女婿，也是爱国华侨企业家、教育家。章辉楼共 5 层，建筑面积 9209 平方米，是理学院办公及教学楼，由厦门福信集团董事长黄晞女士捐建。

集美还有一种白千层，也叫脱皮树，为嘉庚路两侧的行道树，都很高大，盛花时节，满树白花，引来无数蝴蝶纷飞舞蹈，极其壮观忘。传说这些白千层是嘉庚先生引种的。

厚 朴

厚朴别名极多，如川朴、川厚朴、姜厚朴、姜朴、厚皮、温朴、凹叶厚朴。

厚朴为木兰科落叶乔木，高达 20 米。树皮厚，褐色，不开裂。叶大，近革质，7～9 片聚生于枝端，长圆状倒卵形。花白色，径 10～15 厘米，芳香；花被片 9～17，厚肉质，外轮 3 片淡绿色，长圆状倒卵形，盛开时常向外反卷；内两轮白色，倒卵状匙形。聚合果长圆状卵圆形。种子三角状倒卵形。花期 5—6 月，果期 8—10 月。

厚朴为国家Ⅱ级重点保护野生植物。树皮、根皮、花、种子及芽皆可入药。树皮为著名中药，有化湿导滞、行气平喘、化食消痰、驱风镇痛等功效。种子能明目益气，亦可榨油、制肥皂。木材供建筑、板料、家具、雕刻、乐器、细木工等用。

厚朴树高俊朗，叶大荫浓，花大美观，极适合作庭园观赏树及行道树。

集大财经学院图书馆前草地有四株厚朴，其中一株较为高大。由于此处树木繁多，且枝叶茂密，平时不易注意看到厚朴开花情景。

狐尾椰子

狐尾椰子别名狐狸椰子。原产于澳大利亚。

狐尾椰子是棕榈科狐尾椰子属常绿乔木。茎干单生，高大通直，茎部光滑，有叶痕，略似酒瓶状，高可达 15 米。叶色亮绿，簇生茎顶，羽状全裂，长达 3 米，小叶披针形，轮生于叶轴上，形似狐尾，因此得名狐尾椰子。穗状花序，分枝较多，雌雄同株。果卵形，长 6～8 厘米，熟时橘红色至橙红色。

狐尾椰子虽然晚至 20 世纪 70 年代才被人们发现，但因其树冠如伞，形态优美，耐寒耐旱，适应性广，迅速成为热带、亚热带地区最受欢迎的园林植物之一。适合列植于池旁、路边、楼旁，或数株群植于庭院、草坪，观赏效果极佳。

集大新校区有许多狐尾椰子，庄汉水楼西南侧绿地就可欣赏其挺拔飒爽风姿，人工湖边、吕振万楼内中庭也有。

狐尾椰子高大挺拔，远观其长相，稍不注意，你会误以为是大王椰子呢。

胡椒木

胡椒木为芸香科花椒属常绿灌木。奇数羽状复叶，叶基有短刺 2 枚。小叶对生，倒卵形，革质，叶色深绿，光泽明亮，具香气，全叶密生腺体。雌雄异株，雄花黄色，雌花橙红色，子房 3～4 个。果实椭圆形，绿褐色。

胡椒木从日本引入，长江以南地区常用于培植地被。胡椒木生长慢，耐热、耐寒、耐旱、耐风、耐修剪，易移植，属低维护性灌木。株形美观，叶色浓绿细致，质感极佳，全株具浓烈胡椒香味，适合作整形、庭植美化、绿篱或盆栽。

集大新校区的光前体育馆四周有造形美观、枝叶青翠的球形胡椒木。

虎刺梅

虎刺梅又名基督刺、虎刺、老虎簕、铁海棠、麒麟刺、麒麟花。原产于马达加斯加。

虎刺梅是大戟科藤蔓状多刺植物，为直立或稍攀援性小灌木。高可达 2 米，多分枝，体内有白色浆汁。茎和小枝有棱，棱沟浅，密被锥形尖刺。叶片密集着生于新枝顶端，倒卵形，叶面光滑、鲜绿色。花有长柄，有 2 枚红色苞片。花期 8—12 月。

虎刺梅受伤后伤口处会分泌出白色乳汁，有毒。虎刺梅浑身上下都带"毒"，会释放出刺激性的难闻气味，种过此类植物的土壤中易被检测出含有致癌病毒和化学致癌物的激活物质，因此专家建议尽量不要栽种，更不可摆放在室内！

虎刺梅在集大校园多有分布，如财税宾馆门口、航海万邦楼边、港澳生楼前、海外教育学院东侧绿地花坛、水产学院综合楼前等地方。冬季，万邦楼前的虎刺梅开花最为热烈。

这种有毒的植物为什么在校内还是如此之多？大概是因为虎刺梅带刺的枝端会开出鲜红、玫红的小花，花期长，花色鲜艳，姿形雅致，适合欣赏。

有时候作为草地隔离带也不错，虎刺梅好像作为捍卫者，威武地举着"虎刺"，说着："有胆量就来啊，来踩呀！"提醒路人别乱踩踏花草。

虎尾兰

虎尾兰，又名虎皮兰、千岁兰、虎尾掌、锦兰。原产非洲西部。

虎尾兰为龙舌兰科虎尾兰属多年生草本植物。株高 50～70 厘米。地下茎，无枝。叶簇生，下部筒形，中上部扁平，叶尖刚直立，全缘，表面乳白、淡黄、深绿相间，呈横带斑纹。变种有金边虎尾兰、银脉虎尾兰。

虎尾兰每年均能开花，具香味，但以观叶为主，为高级的室内植物，适合庭园美化或盆栽。除可观赏，还可吸收屋内的甲醛等有害物质，净化空气。特别是新装修的房屋，或新购置家具后，效果更明显。

集大在尚大楼内部地面，有多处阴暗的花坛，过去栽种的植物即使成活，也很难管理养护，以致最终植株成片死去，后改为种植虎尾兰，稍加养护即健康成长，展现绿色。

花叶假连翘

花叶假连翘为马鞭草科假连翘属常绿灌木或小乔木。原产墨西哥至巴西。株高3米，枝下垂或平展，茎四方，绿色至灰褐色。叶对生，有黄色或白色斑，具短柄，叶片卵状椭圆形或倒卵形，有彩色斑纹，具锯齿。顶生或腋生总状花序，排列成松散圆锥状，花冠蓝紫色或白色；花期5—10月。核果肉质，卵形，熟时桔黄色。

花叶假连翘性喜高温，耐旱，生长快，耐修剪。多用于绿篱，或丛植草坪、林缘，通过修剪成形造景。或与其他彩色植物配植，组成彩色花坛。

集大新校区教学楼、学生公寓楼内外多处使用花叶假连翘，万人餐厅楼后、中山纪念楼门前大草地两侧花坛就片植多处。

夏末秋初的傍晚，花叶假连翘的蓝紫色小花成串而出，花姿秀雅，随风摇曳，似自得其乐状，优哉游哉。

花叶艳山姜

花叶艳山姜别名彩叶姜、花叶良姜、斑叶月桃。原产我国和印度。

花叶艳山姜为姜科山姜属植物。株高可达2米左右，具根状茎。叶片深绿色，革质，长椭圆状披针形，长50～60厘米，宽10～15厘米，叶面有不规则的金黄色纵条纹，色泽鲜艳。圆锥总状花序，下垂，花色为橙、红、白复色，4—7月开花。

花叶艳山姜叶片宽大，花姿雅致，色彩绚丽，是一种极好的花叶兼赏植物。种植于绿地边缘、庭院、池畔或墙角处，别具一格，给人生机盎然之感。

集大新校区从南门通往北门的主干道边，多处种植花叶艳山姜，以中山纪念楼西边的篮球场周围、集大人工湖四周最多。

长势最好，开花最漂亮的花叶艳山姜，在从南门进来到文学院一带的路边。或许是在菩提树树荫下，而且在人工湖边，水分充足的缘故，这些花叶

艳山姜植株长势旺盛，叶色多彩鲜亮。

诚毅学院的陈嘉庚语录碑廊入口边上也有种植花叶艳山姜。老校区生物工程学院内庭的重阳木树下也有种植，绿化效果挺好。

华盛顿棕

华盛顿棕别称华棕、丝葵、老人葵、加州葵、华盛顿葵、华盛顿椰子。原产美国、墨西哥北部。最早由福州于上世纪二三十年代引种。

华盛顿棕是棕榈科丝葵属大型常绿乔木，高可达 27 米，树干基部略膨大，近基部直径 75～105 厘米，顶端稍细，被许多下垂的枯叶遮住。树干呈灰色，可见明显的纵向裂缝和不太明显的环状叶痕。叶大型，叶片长 1.8 米，约分裂至中部而成 50～80 个裂片。叶柄边缘具有红棕色扁刺齿。肉穗花序大型，生于叶间，分枝 3～4 枝，弓状下垂。核果椭圆形，熟时黑色。花期 6—8 月。

华盛顿棕树形高大，枝叶繁茂，花果鲜艳，是极为美丽的观赏绿化树种。叶片可盖屋顶，编织篮子。果实和顶芽可供食用，叶柄纤维可制牙签。

华盛顿棕干枯的叶子下垂覆盖于茎干似裙子，有人称之为"穿裙子树"。叶裂片间具有白色纤维丝，似老翁的白发，故名"老人葵"。

集大老校区在财经学院陈延奎楼前、轮机学院第八餐厅门口及周围、教师教育学院教学楼前等处，可见到华盛顿棕绮丽多姿的风采。新校区端景楼西侧绿地、尚大楼及庄汉水楼周围，也有许多华棕。

2013 年，学校在新校区南门内西侧草地又种植了 10 多株华盛顿棕。

皇后葵

皇后葵又名金山葵、女王椰子。原产巴西。

皇后葵为棕榈科金山葵属常绿乔木。高可达20米，直径可40厘米，光滑有环纹。叶羽状全裂，长4～5米。羽片多，每2～5片靠近成组排列成几列，每组之间稍有间隔，线状披针形，最大的羽片长1米，宽约4厘米，顶端的稍疏离，较短，狭成线形。花序生于叶腋，长达1米以上，分枝多达80个或更多，每分枝长30～50厘米，之字形弯曲。基部至中部着生雌花，顶部着生雄花。果实近球形或倒卵球形。花期2月，果期11—3月。

皇后葵树干挺拔，树形蓬松自然，是热带常见树种，既可作庭园观赏树，也可作海岸绿化树种。皇后葵与大王椰子配植，皇后的妩媚与大王的伟岸相互衬托，颇为美观。

皇后葵果实可食，种子可用来制作项链，花粉是良好的蜜源。

集大新校区人工湖南岸有皇后葵，长势不太好；道远楼等学生公寓内、集诚楼边有皇后葵，长势较好，树姿端庄而又飘逸秀美。

财经学院文学楼后的两株皇后葵，植株极高，看起来年代久远，躲在高大的盆架子中间，有与盆架子争夺阳光之势。

黄花槐

黄花槐别名山扁豆、金凤树、金药树、树槐、豆槐、黄槐。

黄花槐为豆科落叶小乔木或灌木，由国槐与美洲金边黄槐、双荚槐杂交育种而成。株高数米至10米。小叶5～9对。叶片比双荚决明的大。开花时，蕾如金豆，花如金蝶，结荚果。花期9—12月。

黄花槐长势旺盛，枝繁叶茂，花量大而鲜艳，花色金黄，色彩夺目，有聚宝黄金树的美称。黄花槐生性强健，1米高的一年生小苗即可开花，常作为校园或道路绿化的观花树种。

集大人工湖边、陈延奎图书馆前、东大门往海外教育学院斜坡绿地等处有黄花槐，每年9月底开花，花朵鲜艳亮丽，金黄灿烂，树姿洁净飒爽，给秋季校园增添无数美感。秋末冬初，校园较少花卉，而黄花槐黄花满树，尤显灿烂。

黄花水龙

黄花水龙别名台湾水龙。分布于亚洲和美洲、台湾及内陆河川水域边或低洼湿地。

黄花水龙是柳叶菜科丁香蓼属多年生浮叶植物，长可达3米，以不定芽繁殖。匍匐茎或浮生茎，整株蔓生或挺立生长，茎中空，节间簇生白色气囊。叶互生，长椭圆形，叶托大。花开于枝顶，腋生，萼片5枚，花瓣5枚，金黄色。整朵花直径在5厘米左右。花期5—6月。不结实。另有不同品种的白花水龙。

黄花水龙生长快速，可作为水池绿化、美化植物，能有效去除富营养化水体中的氮磷。

集大的黄花水龙就生长在人工湖东西两边。单它的名字，就让人感觉喜欢。黄色和绿色搭配本身就很美观，让人舒服，虽然黄色水龙只有黄色的小花，看起来不很起眼，但点缀于绿色的藤叶之间，仍然把人工湖一隅的景致衬托得十分淡雅清新。

黄金雨

黄金雨,又名腊肠树、阿勃勒、金急雨、金链花、波斯皂荚、婆罗门皂荚、长果子树、猪肠豆、牛角树等。是一种苏木亚科植物。

黄金雨树不但花序美丽,果实也十分奇特。荚果呈圆柱形,长棍棒状不开裂,长达30~60厘米,成熟时颜色由绿转黑褐色,很像闽南一带过年时农家自己做的腊肠,一根根挂在树枝上,因此也叫腊肠树。

初夏时节,黄金雨满树满枝,花团锦簇地盛开着一条条金黄色的花序,花串长而下垂,飘在风中,像是下着黄金的雨。有时微风吹拂,随风摇曳的花瓣会纷纷如雨飘落,所以叫"黄金雨"。黄金雨的花很芳香,尤其在早晚,花序幽香四溢,花色温馨迷人。

有人说黄金雨的种子味甜可食用,还有的说花也可以吃。有一天想去采来炒菜吃看看,后来作罢,因为也有人说种子有毒,有轻泻作用,古埃及人用来作泻药用。树皮含单宁,可治皮肤病。

黄金雨是优美的观花、观果树种,是泰国的国花,黄色的花瓣象征泰国皇室。也是印度南部喀拉

拉邦的省花，是当地新年典礼用的花卉。我国台湾、香港、福建、深圳多有种植，厦门的欣赏地点也很多，如万石植物园、园博苑、海沧马青路。集美中心花园小区西侧有一棵，很高大壮观。

第一次在集大科学馆北侧见到黄金雨树，可以用"惊艳"来形容心情。那天到科学馆，偶然抬头见到树上款款下垂着一串串花序，金黄灿烂的花朵，在枝头盛开，耀眼夺目，壮观美丽之极。后来才知道它就是黄金雨树。

著名的"嘉庚建筑"科学馆，现在是集大成人教育学院的办公用房，站在北面二楼走廊，可以近距离观察、欣赏黄金雨树那绿叶丛中无数金灿灿的花朵。在科学馆办公的同事真是有福之人。

集大科学馆有黄金雨树，新校区南门内路边也有几棵。碧空万里的夏日，可倘佯在黄金雨树花海中，欣赏灿烂阳光下的阵阵黄金雨。今后校园里可以多多种植，让更多人欣赏它那靓丽芳容。

黄 槿

黄槿别名糕仔树、桐花。主要生长于东南亚和南亚一带。

黄槿为锦葵科木槿属常绿灌木或乔木，主干不明显，高可达 8 米。叶子大，心形。钟形花冠，花黄色，中央暗紫色。

黄槿是观叶、观花植物，黄色花朵钟形，很引人注目。花期全年，以夏季最盛。可用于行道树及海岸绿化美化。多生于滨海地区，为海岸防沙、防潮、防风之优良树种。

台湾乡间常用其叶包裹糕饼，故有"粿叶"之称，树名糕仔树。

集大新校区引桐楼一号学生公寓楼四周、道远楼学生公寓北侧，财经学院尚忠楼前的绿地上，都种有夏季黄花朵朵的黄槿。

道远楼及弘毅楼均为 3 栋连体 7 层的学生公寓，道远楼建筑面积 16908 平方米，弘毅楼建筑面积 17189 平方米，由厦门路桥集团捐建。

黄素馨

黄素馨又名野迎春、云南黄素馨、云南黄馨、云南迎春。原产云南。

黄素馨为木犀科素馨属常绿披散灌木植物，枝条柔软，长枝拱形下垂，绿枝4棱形；叶对生，3片小叶组成复叶，中间的一片较大，小叶卵形至矩圆状卵形。花单生于叶腋，有香气；单瓣或重瓣，花冠黄色，高脚碟状，有6裂的花瓣。花期3—5月。

黄素馨与同为木犀科素馨属的迎春花相似，主要区别是迎春花为落叶灌木，花较小，只有单瓣，没有重瓣品种，黄色花有时带红晕，在展叶前开放。迎春花落叶，黄素馨常绿。

黄素馨株形优美，枝叶青绿，明黄色的花朵给人以灿烂夺目之感。地栽于庭园池边、假山旁等处，观赏效果极好。

集大财经学院黄楼西侧阶前边缘，即"诚毅"洞口两边有栽植，平时碧绿的藤条枝叶下垂，开花时黄花点点，让人颇觉赏心悦目。

在体育学院通往网球场路边有黄素馨绿篱。教师教育学院东侧的护墙上也披满黄素馨。

黄心梅

黄心梅又名黄金叶、矮黄假连翘。原产美洲热带地区。

黄心梅是马鞭草科假连翘属常绿小灌木。枝、叶、花均较小，叶色淡黄绿色，枝条有皮刺；单叶对生，坚纸质，卵状椭圆形或卵状披针形，全缘或在中部以上有锯齿，被柔毛；总状花序顶生或腋生，常再排成圆锥花序；花冠蓝紫色，顶端5裂；核果球形，成熟时红黄色。

黄心梅喜光，耐半阴，喜温暖湿润气候，耐修剪。分枝多，生长快，整体观赏效果好，是用做绿篱和造景的好树种。

集大各个校区的主要绿化带均有栽植黄心梅。因其耐修剪、生长快，枝叶繁茂，除了用于绿篱等绿化造景，也用于新校区道路边行道树的树穴美化。

黄心梅其实就是假连翘品种"金叶假连翘"的商品名。除了观叶，黄心梅在夏秋开花时，蓝紫色花朵也非常美观耐看。

晃伞枫

晃伞枫别名罗伞枫、大蛇药、五加通。

晃伞枫为五加科幌伞枫属常绿乔木，高可达30米，树皮淡褐色。3～5回羽状复叶，小叶椭圆形，长5.5～13厘米。伞形总状花序密集成头状，小花黄色，花期10—12月。果扁球形，翌年2—3月成熟。

晃伞枫树形端正美观，冠型圆整，枝叶茂密，是优良的观叶植物。园林绿化中，多为孤植、片植。小树多盆栽，用于宾馆、办公室和居家厅堂装饰观赏。

集大校园原本少见种植晃伞枫，少数办公室将其作为盆景摆放。生物工程学院灿英楼的中庭有一棵3层楼高的晃伞枫，价值数万元。10月，可到这里观看那伞形总状花序，小小花朵，十分密集，该树周围是四棵长势良好的重阳木。

2011年新校区绿地大量种植晃伞枫，多数尚属小树，但也都枝叶浓密。

火焰木

　　火焰木开花时节，花朵开放在树冠顶部，似火焰熊熊燃烧，因此得名。原产热带非洲。

　　火焰木为紫葳科火焰木属常绿大乔木。树干通直，高可达20米。奇数羽状复叶。花大，聚成紧密的伞房式总状花序；花萼佛焰苞状，长5～10厘米；花冠钟状，一侧膨大，有纵皱，橙红色，中心黄色。花期近4个月，由于花朵较大，转黑褐色后掉落，需要绿化园丁辛苦打扫。火焰木的花凋谢后，树上随即结有长圆状棱形蒴果，果瓣赤褐色，内有膜质翅种子。

　　厦门的公园、小区普遍栽植火焰木，园博苑就种有许多。

　　集大老校区财经学院、航海学院等处都有火焰木。新校区的火焰木更多，如南门进来道路边、新校区西侧道路边、各学生公寓楼内外，都有不少。火焰木开花时，绿叶其下，红花其上，一般只能远观拍照，在晴朗无云的初夏，看花朵红艳如火点亮蓝蓝的天空；只能在树下仰望拍照，效果稍有不足。

　　最妙还是在新校区的学生公寓观赏，住在楼上的男女学生，可以近距离观看火焰木的红艳花朵，可以自上而下拍照。有时候会莫名地羡慕起这些同学来，觉得他们学习生活的环境太优美了。

鸡蛋花

鸡蛋花,别名缅栀子、蛋黄花、大季花、印度素馨,原产美洲。冬天叶子掉光后,光秃秃的钝圆形枝头就像鹿角,因此称为"鹿角树"。

鸡蛋花是夹竹桃科鸡蛋花属落叶小乔木或灌木,株高3~5米,主干常有些扭曲歪斜,枝条粗壮,肥厚多肉。叶大,厚纸质,多聚生于枝顶。花数朵聚生于枝顶,花冠筒状,径5~6厘米,5裂,外面乳白色,中心鲜黄色,呈螺旋状散开,瓣边白色,瓣心蛋黄色,"冠白心黄"似鸡蛋白包着蛋黄,因此得名。鸡蛋花在夏季灿烂绽放,清香优雅,给人以纯洁、气质高雅的感觉;落叶后,光秃的树干弯曲自然,如同鹿角,具有艺术骨感。

鸡蛋花的花朵和树皮均能入药,可以清热解毒,润肺止咳。鸡蛋花具有很好的食用价值,花从树上摘下就可用滚水冲泡,饮之清香、润滑。晒干后做成鸡蛋花花茶,是广州人饮用的五大花茶之一。热情的西双版纳傣族人把鸡蛋花作为招待宾客的特色菜。

鸡蛋花被佛教寺院定为"五树六花"之一而广泛栽植,故又名"庙树"或"塔树"。夏威夷的人们喜欢将采下来的鸡蛋花串成花环,作为装饰品。鸡蛋花是热带地区园林绿化、庭院布置、盆栽观赏的极佳植物品种。鸡蛋花是老挝的国花。

集大各校区均有美丽的鸡蛋花,在夏季热闹地开放。老校区比较大的鸡蛋花在音乐学院门前和轮机学

院育志楼边各有两棵，航海学院即温楼前、万邦楼前各有一棵。

即温楼的鸡蛋花树前面，有一块由航海校友捐建的校训石，上书"诚毅"两个大字。1918年3月，集美师范、中学开学时，陈嘉庚和陈敬贤共同制定"诚毅"校训。陈嘉庚曾把校训展述为"诚信果毅"。"诚毅"核心意思是："诚以为国、实事求是、大公无私；毅以处事、坚强果敢、百折不挠。"校歌歌词也要求师生"诚毅"二字中心藏。有些校友把校训牌拍照悬挂在办公室，走到哪里悬挂到哪里，永记"诚毅"精神。

新校区各处教学楼边，有黄色、红色、白色等多种颜色品种的鸡蛋花，如集友楼2号楼南面就有3棵鸡蛋花，黄色、红色、白色各一棵，三色品种同时开花，竞相比美，令人喜爱。集友楼共3栋17层，建筑面积55380平方米，可以容纳6860个学生，为集美校委会所捐建。

章辉楼后有一棵美丽的鸡蛋花，其花蕊的排列方式很奇特，聚合一起成很大的一朵。学校的这些鸡蛋花，花期都很长。夏秋黄昏，经常看到学生拿着手机站在花丛边拍照。

鸡冠刺桐

鸡冠刺桐别称巴西刺桐、鸡冠豆、龙牙花、象牙红、鸡公花、鸡公树、关刀花、珊瑚刺桐、珊瑚树、四季树。原产南美巴西、秘鲁及南亚菲律宾、印度尼西亚。

鸡冠刺桐是蝶形花科刺桐属半落叶小乔木，株高可达 15 米。羽状复叶，长卵形，小叶 1～2 对，羽状侧脉。总状花序，腋生，花冠橙红色，旗瓣倒卵形特化成匙状，宽而直立，翼瓣发育不完全。余瓣几成一束，雄蕊花药黄色，裸露。荚果长 10～30 厘米，内有种子 3～6 枚。花期 4—7 月。

鸡冠刺桐花开时，满树红艳，有如海中珊瑚，因而有珊瑚刺桐之称。花色红艳夺目，远看如一支支红色的小象牙突出于绿叶丛中，又称象牙红。其弯刀状的红花像公鸡头上昂扬的鸡冠，因而称为鸡

冠刺桐。

  鸡冠刺桐树干苍劲古朴，树态优美，花繁艳丽，花形独特，花期长，具有较高的观赏价值。可孤植、群植、列植于草坪、广场、庭园中，与其他花木配植，显得鲜艳夺目，是城镇美化彩化的优良树种。

  集大校园的鸡冠刺桐，原来主要在校部引桐楼一号学生公寓楼四周，那里的鸡冠刺桐树株高大，荫浓叶茂，颇有园林野趣。

  新校区南门进来后，往校园西侧道路边有一片鸡冠刺桐树林，虽处路边，却是幽静阴凉的休闲好去处。

  集大宾馆往学校东门的路边斜坡绿地，成排种植鸡冠刺桐，从夏季到秋季开学后，一路红艳花开，美景常在。

鸡爪槭

鸡爪槭又名鸡爪枫。

鸡爪槭为槭树科槭树属落叶小乔木或乔木，高约7米，树皮平滑，深灰色。小枝细瘦，幼枝青绿色，细弱。当年生枝紫色或淡紫绿色；多年生枝淡灰紫色或深紫色。叶对生，纸质，新叶红色。5～9掌状分裂，通常7裂，裂片卵状长圆形或披针形，顶端锐尖或尾尖。花紫色，杂性，由紫红小花组成伞房花序，雄花与两性花同株。小坚果球形。花期4—5月，果期10月。

鸡爪槭树冠伞形，姿态雅丽；叶形美观，入秋后转为鲜红色，红叶色艳，如花似锦，十分悦目，为优良的园林观叶树种。

集大人工湖边种有鸡爪槭，秋日于一片绿树之间，鸡爪槭却红叶灿烂如霞，红艳多姿，引人入胜。

在学生公寓道远楼东侧等处也有种植，是鸡爪槭的园林栽培品种红枫。

加拿利海枣

加拿利海枣别称长叶刺葵、加拿利刺葵、槟榔竹。原产非洲加拿利岛。1909年引种到台湾，20世纪80年代引入中国大陆。

加拿利海枣是棕榈科刺葵属常绿乔木，单干直立，高达18米，胸径可达1米。常有老叶柄基部残存树干。叶大型，长可达4～6米，呈弓状弯曲，集生于茎端。单叶羽状全裂，成树叶片的小叶有150～200对，形窄而刚直，端尖。叶柄短，基部肥厚，黄褐色。叶柄基部的叶鞘残存在干茎上，形成稀疏的纤维状棕片。肉穗花序从叶间抽出，多分枝。果实卵状球形，成熟时橙黄色，有光泽。种子椭圆形。花期5—7月，果期8—9月。

加拿利海枣株形高大，伟岸挺拔，树姿优美舒展，远观如同撑开了的大罗伞，富有热带风情。其球形树冠、金黄色的果穗、菱形叶痕、粗壮茎干以及长长的羽状叶极具观赏价值，应用于公园造景、行道绿化，效果极好。是国际著名的高档景观树。集美龙舟池南侧绿地种植了很多，十分壮观耐看。

集大校园里，在教师教育学院新师楼前、体育学院网球场边、新校区部分学生公寓楼旁、人工湖岸边等处有加拿利海枣可供欣赏。

夹竹桃

夹竹桃又名柳叶桃、半年红、甲子桃。

夹竹桃为夹竹桃科夹竹桃属常绿大灌木，高可达5米。茎直立光滑，为典型三叉分枝。叶3~4枚轮生，在枝条下部为对生，窄披针形，全缘，革质，长11~15厘米。聚伞花序顶生，花萼直立，花冠漏斗形，有红、黄、白三种，单瓣、半重瓣或重瓣，有香气。荚果长柱形。花期9—10月。

夹竹桃的花似桃花，叶像竹叶，是美丽的观花灌木。厦门市的园林及道路绿化中广泛应用夹竹桃，成功大道等道路边种植许多夹竹桃，颜色各异，黄花、白花到红花等都有。

集大财经学院的学生公寓楼外有成排的夹竹桃，新校区的海外教育学院东侧绿地上也有较大型的夹竹桃树林，为校园增添美景。夹竹桃枝条密集丛生，常年开花，相信每天从这里路过的师生，对此会有深刻记忆。

夹竹桃有毒，全株含丰富的有毒乳汁，种子毒性最大，误食能引起流产，可致死。印度常有吃夹竹桃自杀案例。香港曾有因用夹竹桃枝在烹调食品或搅拌粥品而致死的案例。台湾也发生过有人以夹竹桃枝当筷子，中毒而死。

面对夹竹桃，请只是欣赏观看，拍拍照片就算了，千万不要手痒摘花！

假槟榔

假槟榔，别名亚历山大椰子，原产澳大利亚。

假槟榔是棕榈科假槟榔属常绿乔木。它与槟榔都是高干、笔直，假槟榔的树干较粗大。植株高可达 25 米，单干直立如旗杆状，其叶簇生于干的顶端，树干的落叶处有环状痕。假槟榔最大特点还是植株挺拔隽秀，在高高的树干顶部，叶片聚生于茎顶，羽状全裂，叶色青翠，四季常绿。叶基部常挂着乳黄色下垂圆锥形穗状花序。花期 4—5 月及 9—11 月。

假槟榔是华南景观代表植物之一。多种植于庭院、草坪、水滨、操场边、楼旁等处，作风景树或行道树。

集大各校区均种植有假槟榔，教学楼旁、学生公寓旁，有的几棵一起，有的成行种植。机械与能源工程学院的办公室西侧有假槟榔丛植。航海学院允恭楼、崇俭楼、克让楼等楼前都有假槟榔。崇俭楼建于 1926 年，三层，建筑面积 1364 平方米。

财经学院操场东侧的假槟榔，列植于小路两边，风景美观。每天傍晚，很多师生及周边居民带着小孩，在操场打球、跑步或玩耍，他们都对这些假槟榔司空见惯。有意思的是，办公楼西南边的路灯造形也和这里的假槟榔一样，高高直立。财院操场南面是集美小学的教学楼三立楼，从北向南望，绿色的假槟榔，红屋顶的三立楼，加上蔚蓝的天空，三者构成极其立体而优美醉人的南国景色。

四年的大学生活，一草一木总关情，相信财经学院的校友们对此并不陌生。

剑 麻

剑麻又名凤尾兰、凤尾丝兰、菠萝花。原产北美东部及东南部。

剑麻是龙舌兰科丝兰属常绿灌木。须根系，茎粗短，叶片无叶柄，呈剑形，硬而狭长，叶片一般长为 100～140 厘米，宽 13～15 厘米，密集丛生螺旋状排列于短茎上，呈放射状展开。灰绿至蓝绿色，叶面上有白色蜡粉。花轴发自叶丛间，圆锥花序顶生，花黄绿色。果实为蒴果。花期 8—10 月。

剑麻是多年生叶纤维植物，是当今世界用量最大、范围最广的硬质纤维，可制绳索。剑麻有重要的药用价值。

剑麻属世界上花柱最长的植物，常年浓绿，是良好的庭园观赏植物，常植于花坛中央、建筑前、草坪中、池畔、台坡、建筑物、路旁及绿篱等处。

集大新校区西侧道路外绿地种了不少剑麻。但音乐学院对面水电中心值班室外和水产学院 08A 教学楼东南角的剑麻似乎与众不同。通常见到的剑麻是一种凤尾兰，开白色的花朵。圆锥花序，每个花序着花 200～400 朵，从下至上逐渐开放，乳白色，杯状下垂。

音乐学院和水产学院这两处的剑麻都是从中央长出拳头粗的一根茎秆，3 米多高，如同小树一般笔直地伸向天空，花柱上半截长有许多小枝桠，小枝桠上则是一簇簇圆柱形小花。整株花型奇特而美丽，引人注目。2013 年秋季开学，水电项目改造，水电中心值班室外的剑麻被全部移植到教师教育学院门口草地。

金脉爵床

金脉爵床又称金叶木、黄脉爵床。原产南美热带地区。

金脉爵床为爵床科黄脉爵床属多年生常绿观叶植物。直立灌木状，盆栽株高一般为50～80厘米。分枝多，茎干半木质化。叶对生，无叶柄，阔披针形，长15～30厘米、宽5～10厘米，先端渐尖，基部宽楔形，叶缘锯齿；叶片嫩绿色，叶脉橙黄色。夏秋季开出管状的黄花，花簇生于短花茎上，每簇8～10朵，整个花簇为一对红色的苞片包围。

金脉爵床枝叶繁茂，株形美观，叶脉金黄，有极好的观赏性。一般用于路边、水岸、庭院地被，或盆栽。

集大老校区的航海学院崇俭楼后有金脉爵床，密集丛生，已经种植多年；财经学院1号教工住宅楼边也有。新校区人工湖畔、学生公寓内部及周边多处丛植金脉爵床。

金银花

金银花又名忍冬、金银藤、银藤、二色花藤、二宝藤、右转藤、子风藤、鸳鸯藤。

金银花为忍冬科忍冬属多年生半常绿藤本植物。一般所说金银花为其干燥花蕾或带初开的花，其鲜花为长约2~3厘米棒状花朵，表面黄白或绿白色，密被短柔毛。花期5—9月，果期8—11月。

金银花由于初开为白色，后转为黄色，新旧参差，黄白相间，因此得名"金银花"。

金银花性甘寒，气芳香，既能宣散风热，还善清解血毒，是著名的清热解毒良药。是家喻户晓的保健和去火饮品，又是疫病防治的重要品种。金银花的藤，亦称忍冬藤，有祛风湿、通经络的作用。李时珍《本草纲目》记载："忍冬，茎叶及花，功用皆同。主治……一切风湿气。"

金银花适应性很强，农村谚语说："涝死庄稼旱死草，冻死石榴晒伤瓜，不会影响金银花。"金银花叶绿花黄，极适合作为绿化植物。庭院搭架种植金银花，待到藤叶长成花开，满架绿藤黄花，好看至极。记得小时候，在农村老家，经常在山上采摘金银花，晒干了卖钱当学杂费。

《集美周刊》上曾载有作者为老肆的《夏夜》诗，提到金银花：

> 黄昏孤坐读书堂，
> 不掩窗扉纳夜凉；
> 一样晚风摇烛影，
> 金银花上过来香。

集大信息工程学院克立楼东侧种有金银花，利用其缠绕能力攀缘楼边铁架。

九里香

九里香经常被称为七里香，也叫石辣椒、九秋香、九树香、千里香、万里香、过山香、黄金桂、山黄皮、千只眼。台湾称之为月橘。

九里香为芸香科九里香属常绿灌木，园林中常用于绿篱及球型景观。树龄较长的九里香会长成小乔木，树姿优美，枝叶秀丽，花白色，花香浓郁。九里香也常被修剪造型，培养成富有诗情画意、树姿古雅的盆景。据说花木之乡漳州稍有树龄的九里香价值不菲，动辄数千元。

九里香浑身是宝，花、叶、果都含有精油。叶子外观细碎，也被用于调味香料。枝叶入药，有行气止痛、活血散瘀的功效，用于治胃痛、风湿痹痛，外用于治牙痛、跌扑肿痛、虫蛇咬伤等。著名的胃药三九胃泰，其配方中的主要成分就是三桠苦和九里香，所以取名三九胃泰。

集大新老校区都有种植九里香，多为绿篱，如集诚楼门前广场的绿篱。体育学院竞武馆西侧有一条九里香绿篱，夏末雨后，整条绿篱开满洁白的花朵，十分好看。也有许多地方是单株种植，或者修剪成九里香球。

最值得一提的还是航海学院即温楼前的三棵

九里香。今年7月，正是学生放假时节，校园颇为安静，这几棵九里香则景致亮丽而热闹。碧绿的枝叶之上，满树开着白色小花，非常漂亮动人。如果你在一些九里香绿篱上只见过零星几朵，在这几棵长成小乔木的九里香面前则一定会大加赞叹，满树的白色花朵，洁白亮丽清新，太美了！花香浓郁，引来许多蜜蜂飞舞。

即温楼是著名的嘉庚建筑，1921年落成，"楼凡三层，三十九间"，建筑面积1791平方米，当年4月6日厦门大学在集美正式开学时，嘉庚先生就安排即温楼为厦大临时校舍，所以有人说即温楼是厦大的"祖屋"。即温楼前这几棵九里香如果是当年所种，那么该有90多年历史了。

酒瓶兰

酒瓶兰又名象腿树，原产墨西哥。

酒瓶兰是龙舌兰科酒瓶兰属常绿小乔木，是树状的多浆植物，在原产地可高达 10 米，盆栽种植一般 1 米左右。其地下根肉质，茎干直立，下部膨大，茎干具有厚木栓层的树皮，呈灰白色或褐色。老株表皮龟裂状如龟甲。叶着生于茎干顶端，细长线状，革质而下垂，叶缘具细锯齿。开花白色。

酒瓶兰为观茎赏叶的花卉植物，其茎干形状奇特，基部特别膨大，酷似大酒瓶，树叶软垂而下，成为非常奇特的观赏植物。小型植株盆栽置于案头、台面，显得优雅清秀、新颖别致。中大型盆栽可用来布置厅堂、会议室、会客室等场所角落，极富热带情趣，颇耐欣赏。在庭院、绿地栽植，其独特的身资颇引人注目。

集大新校区人工湖北侧有两株酒瓶兰，当年建设者把它们种植在希茉莉灌丛中，因此只能欣赏到上半身，奇特的酒瓶状下部却无法观赏到。或许是因大学生不适宜喝酒，有酒瓶也得藏起来？

轮机学院明华园内有 5 株酒瓶兰，列植。轮机学生海员生活比较枯燥，工作之余船上吃海鲜，喝点小酒，观红霞落日，海风习习，或许惬意些。

蓝花楹

蓝花楹又名含羞草叶蓝花楹、蓝雾树、尖叶蓝花楹。原产热带南美洲。

蓝花楹是紫葳科蓝花楹属落叶乔木。树冠高大，高可达 20 米。2 回羽状复叶，对生，叶大，羽片通常在 15 对以上，每一羽片有小叶 10～24 对，着生紧密。小叶长椭圆形，全缘，先端锐尖，略被微柔毛。圆锥花序顶生或腋生，花钟形，花冠二唇形 5 裂，蓝紫色。花期春末至秋初。蒴果木质，卵球形，稍扁，浅褐色。种子小而有翅。

蓝花楹绿荫如伞，叶细似羽，花朵蓝色清雅，是观叶赏花的优良树种，广泛栽作行道树、遮荫树和风景树。夏秋两季各开一次花，盛花期满树紫蓝色花朵，十分雅丽清秀。

集大新校区种植了许多蓝花楹，章辉楼西侧就有几棵蓝花楹，夏末初秋已经有紫色的花朵在树梢摇曳。西苑餐厅北侧也成排种植蓝花楹。在集大校园，开蓝色花的树木较少，因此颇为珍奇。

榔 榆

榔榆又名小叶榆，为榆科榆属落叶乔木，高达 25 米，胸径可达 1 米；树冠广圆形，树皮灰色或灰褐，裂成不规则鳞状薄片剥落，露出红褐色内皮，微凹凸不平。叶较小，椭圆形、卵形或倒卵形，革质，深绿色，有光泽。花簇生或簇状聚伞花序，淡绿色至紫绿色相间。翅果椭圆形或卵状椭圆形。花果期 10—11 月。

榔榆树形优美，姿态潇洒，树皮斑驳雅致，小枝弯垂，枝叶细密，为极好的园林绿化树种。也可做盆景，形态自然古朴，观赏效果好。根、皮、嫩叶入药，有消肿止痛、解毒治热等功效。

在嘉庚先生创办的集美植物园里，有一棵高大的榔榆树，主干略扁形直立，上部多分枝，顶部枝条众多，疏朗外披婉然下垂，极似高雅的大盆景，尤其开花时特别美观。早期集美农林学校的老师说，榔榆为本地原生落叶乔木树种。

集大新校区学生公寓建安楼东侧围墙内外各种植一棵榔榆，现在已经两层楼高，外观潇洒飘逸。金秋十月，细碎的榔榆花开，密聚于枝头。与旁边正在开花的美人树比美，互有千秋，各有可观之处。

莲 雾

莲雾，又名洋蒲桃、紫蒲桃、爪哇蒲桃、水石榴、天桃。原产马来半岛。

莲雾是桃金娘科常绿小乔木。树姿优美，花期长，花形美丽。果实钟形，果色鲜艳夺目。果肉海绵质，味道清甜，略有苹果香气，清凉爽口。品种有乳白色、青绿、粉红、深红、暗紫。

莲雾味甘性平，功能润肺、止咳、除痰、凉血、收敛，用之食疗则能解热、利尿、宁心安神。人们用莲雾作冷盘，是解酒佳果。台湾于 17 世纪引种，初期作为庭院观赏树种植，直到近几十年才成为台湾最重要的经济果树。目前全世界以台湾所生产的莲雾品质最高。

集大航海学院有一棵几十年树龄、树冠高大的莲雾，就在明良楼斜对面路边。克俭楼后也有一棵莲雾，但较小。航海学院这两棵莲雾都结红色的果实。明良楼初建于 1921 年，3 层，36 间。曾经改建，2012 年按初建时原貌恢复重建，2013 年 9 月完工即入住学生，为嘉庚风格建筑，非常漂亮。

教师教育学院女生楼南侧也有 3 棵莲雾，乳白色的果实，累累挂满树上，看起来漂亮诱人，不知道有没有人品尝过。树下则是掉落满地的果实，旁边的室外乒乓球桌上也经常掉满乳白而略带浅红色的莲雾果实。

楝 树

楝树又称苦楝。

楝树是楝科楝属落叶乔木，高达 25 米。树冠倒伞形，侧枝开展。树皮灰褐色，浅纵裂。小枝轮生状，灰褐色，叶痕和皮孔明显。叶互生，2～3 回羽状复叶互生；小叶对生，卵形或披针形，锯齿粗钝；老叶无毛。腋生圆锥花序，花两性有芳香，淡紫色或白色。核果椭圆形或近球形。种子黑色数粒。花期 3—5 月，果期 10—11 月。

楝树在印度被誉为"神树"，欧美人誉之为"健康及其赐予者之树"。树形优美，羽状绿叶，叶形秀丽；紫白色花蕊，艳丽幽香；金黄色果实，形似橄榄或红枣。具有较高的观赏性，非常适合作为庭荫树及行道树。

楝树的花、叶、种子和根皮均可入药，树叶可以止痒、消炎。对二氧化硫等有毒有害气体有超强吸收净化作用。盆栽楝树对蚂蚁、蟑螂、蚊、蝇和一些无名的小虫有非常明显的驱赶效果。

集大的楝树主要分布在老校区，航海学院允恭楼后有一棵很高大，克让楼后花圃边上也有一棵；科学馆校区有两棵较大的楝树。

柳 树

柳树又称水柳、垂杨柳、倒垂柳、清明柳，是我国的原生树种。

柳树是杨柳科柳属落叶乔木，树形优美，枝柔韧细长，下垂，叶狭长，姿态婆娑，清丽潇洒，适合配植于池边湖岸。俗话说："有心栽花花不发，无心插柳柳成荫。" 杨柳有很强的生命力，很容易扦插成活。在古代，寒食节、清明节那天家家门前有插柳枝的风俗。

历代诗人以柳入题，歌咏不绝。《诗经》有"昔我往矣，杨柳依依；今我来兮，雨雪霏霏"之句。唐代贺知章《咏柳》："碧玉妆成一树高，万条垂下绿丝绦；不知细叶谁裁出，二月春风似剪刀。"

柳是美好的象征。柳叶初生，似睡眼刚展，故称"柳眼"。李商隐《二月二日诗》："花须柳眼各无赖，紫蝶黄蜂俱有情。"女子秀眉细长为柳叶，喻为"柳眉"。王衍诗《甘州曲》："柳眉桃脸上胜春。"女子身腰若柳条柔软，故称"柳腰"。柳絮散落为絮绵，又称"柳绵"。晏殊《寓意诗》："梨花院落溶溶月，柳絮池塘淡淡风。"苏东坡有"枝上柳絮吹又少，天涯何处无芳草"句。

柳树全身是宝，皮可治感冒，花可治吐血、咯血，芽可食用和泡茶。柳树能止血、疗痹、治恶疮。

但在校园里，还是把柳树作为风景树为好。比如北大未名湖边，柳树为湖塔增添许多美感。

集大新校区人工湖边多处种植柳树，树下还配有长凳子，方便学生读书或休闲。也有人说湖边柳树还不够多，还可以多种一些。

诚毅学院植物种类不多，但凡种植则株数都比较多，形成壮观的植物气势，陈嘉庚语录碑廊边就有成排的柳树，老校区的教师教育学院新师楼前也有点缀种植。

柳叶榕

柳叶榕为桑科榕属常绿大乔木。产于热带、亚热带的亚洲地区。厦门称之为亚里垂榕。

柳叶榕树高可达30余米，胸径达3米以上，树冠广阔，遮荫效果极佳。枝条浓密，具气根，皮孔明显。小枝微下垂。叶较小，卵形或椭圆形，长5～10厘米，先端细尖，薄革质，深绿色，有光泽。叶柄细，常下垂。果球形，熟后黑色。

集大新校区南门进来通往计算机工程学院的路边草地，丛植多棵柳叶榕供人欣赏，树下还有固定长椅以备学生闲坐或读书。

靠近吕振万楼的人工湖边，老校区的科学馆北侧门口，都有柳叶榕。

龙 柏

龙柏是柏科圆柏属常绿小乔木，高可达15米。枝条长大时呈螺旋伸展，向上盘曲，如盘龙姿态，故名龙柏。原产于中国及日本。

龙柏树干表面有纵裂纹，树皮深灰色。树冠圆柱状。叶大部分为鳞状叶，少量为刺形叶，沿枝条紧密排列成十字对生。花为孢子叶球，单性，雌雄异株，花细小，淡黄绿色，顶生于枝条末端。浆质球果，表面披有一层碧蓝色的蜡粉，内藏两颗种子。

龙柏树形圆满，优美耐看，枝叶碧绿青翠，多用于庭园美化，高速公路中央隔离带上也经常种植。因移栽成活率高，恢复速度快，成为园林绿化中使用最多的灌木。

龙柏是集大老校区的常住居民，如财经学院尚忠楼前及篮球场四周就有70多株，航海学院海达楼与海安楼之间有7株、允恭楼后面有26株。教师教育学院基石广场北侧、新校区绿地上都可见到龙柏的身影。

龙船花

龙船花别称英丹、仙丹花、百日红、山丹、英丹花、水绣球、百日红。原产中国南部和马来西亚，是缅甸的国花。

龙船花是茜草科龙船花属常绿灌木或小乔木，株形美观，花叶秀美。其叶对生，革质，倒卵形至矩圆状披针形。聚伞形花序顶生，花序具短梗，花序直径6~12厘米，花色鲜丽丰富，有红、橙、黄、白、双色等，整株红色、橙色，给人喜气洋洋的感觉。广西南部的人们习惯称它为水绣球。

每年端午期间，划龙船的老百姓就把该花与菖蒲、艾草并插在龙船上，用于避邪除瘟，求得吉祥，久而久之，该花就被称为龙船花。

龙船花性喜高温多湿且阳光充足环境，因花期长，花丛艳丽美观，常用作盆栽或露地栽植，以美化庭园，适合校园、庭院、宾馆布置。

集大老校区鲜有龙船花，但新校区龙船花开处处。嘉庚图书馆、信息学院北侧篮球场边，新校区第五社区学生公寓楼边，尚大楼周边几幢教学楼周

围。新校区南门进来路边，也有大朵大朵的龙船花。

体育学院游泳池西侧路边有一排龙船花，形成长长的花带，绿叶繁花，十分壮观。体育学院的学生每年都会参加集美龙舟赛。

看校园里那些红艳美丽的球型龙船花，真的很像红绣球，所以人们也把龙船花称为绣球花，好听又形象。

龙血树

龙血树又名马骡蕉树、狭叶龙血树、长花龙血树、不才树。

龙血树是百合科龙血树属常绿小灌木，高可达4米，树皮灰色。叶无柄，密生于茎顶部，厚纸质，宽条形或倒披针形，基部扩大抱茎，近基部较狭窄，中脉背面下部明显，呈肋状。顶生大型圆锥花序，长达60厘米，1～3朵簇生。花绿白色，芳香。浆果球形，黄色。

龙血树株形健美，叶片色彩斑斓，鲜艳美丽。同属多种和变种用于园林观赏。有的品种叶片密生黄色斑点，称为星点木。有的叶片上有黄色的纵向条纹，能分泌出清淡香味，称为香龙血树。有的叶片上嵌有白色、乳白色、米黄色的条纹，称为三色龙血树。龙血树茎干能分泌出鲜红色的树脂，称为"龙血"，故名龙血树。

龙血树材质疏松，树身中空，枝干上都是窟窿，不能做栋梁；烧火时只冒烟不起火，又不能当柴禾，真是一无用处，所以又叫"不才树"。

集大新校区教学楼、学生公寓旁多有种植龙血树，如道远楼及弘毅楼东侧，各有丛植。

龙 眼

龙眼别名牛眼、桂圆、福眼。

龙眼是无患子科龙眼属常绿乔木，高达20余米，胸径1米，板状根较明显；树皮黄褐色，粗糙，薄片状脱落。偶数羽状复叶，互生，叶长而略小，长椭圆状披针形，全缘。圆锥花序顶生或腋生，淡黄色或白色。果核果状，球形，果皮干时脆壳质，不开裂；种子球形，褐黑色，有光泽，为肉质假种皮所包围。花期4—5月，果期7—8月。

龙眼四季常绿，冠大荫浓，果实累累，外形圆滚，如弹丸却略小于荔枝，皮青褐色。去皮则晶莹剔透偏浆白，隐约可见内里红黑色果核，极似龙的眼珠，所以叫"龙眼"。

龙眼原产我国南方，两千多年前的汉代即有栽培。贾思勰《齐民要术》记载："龙眼一名益智，一名比目。"因其成熟于桂树飘香时节，俗称桂圆。古时列为重要贡品。明代黄仲昭《八闽通志》记述："龙眼树似荔支，而叶微小，皮黄褐色。荔支才过，龙眼即熟，故南人曰为荔支奴。泉州府诸县皆有，郡中尤盛。"现在福建和两广栽培最为普遍。

市场上有龙荔，也叫疯人果，常被人冒充龙眼出售。龙荔的果肉中含有毒素，果仁毒性最大，对人体神经系统有损害，误食会中毒头痛，恶心呕吐，以致诱发癫痫病，严重者甚至可致死亡，无解药。

集大财经学院尚忠楼西楼，即敦书楼边，有一棵外形苍老但仍然生机勃勃的大龙眼树。航海学院诚毅楼边也有一棵，结果累累。

体育学院教工住宅区的龙眼树更多，更高大茂盛。音乐学院对面水电中心值班室门前也有3棵。而更加高古苍老的龙眼树，估计是原水产学院教工住宅3号楼北侧那棵龙眼树了。该3号楼宿舍建于1964年，如龙眼树为同时所种植，也已50年树龄。

新校区章辉楼外也种植了几棵龙眼树。

龙爪槐

龙爪槐又名垂槐、盘槐、蟠槐，是国槐的芽变品种，落叶乔木。由于枝条弯曲下垂如龙爪，所以叫龙爪槐。原产我国。

龙爪槐树冠如伞，树姿优美，观赏价值高，常植为行道树、庭荫树。喜光，稍耐阴，适应干冷气候，寿命长。有经验的绿化师傅能将龙爪槐种植、修剪、培育成伞形、球状、长廊状、塔状、亭形、圆柱形等等多种形态，非常美观。

有一年在安庆过春节，走在街上，忽然见两边行道树形状非常奇特，那树没有叶子，应该是叶子全部脱落，只剩下树干和枝条，下部主干还算笔直，但上部枝条则构成盘状，蟠曲如龙，整棵树好像用黑铁丝做的工艺品。后来在云南昆明再次见到这种树，不过树上披着绿油油的碧叶，小枝像杨柳枝条一样一条条垂挂下来，整棵树好像碧绿的大伞树立在草地上，十分好看。拍了一些照片回来，才认识这就是龙爪槐。

集大校园里也有龙爪槐，都在新校区，就在文学院南侧草地上，禹洲楼等教学楼周边也有零星种植。集大美岭楼东面的南北两侧各有一棵龙爪槐，因为没有修剪，各有几条树枝往上直立生长，好像巨大的凤凰尾巴。夏末初秋，龙爪槐花开，花絮非常漂亮，花朵粉白色，娇嫩可爱，漂亮极了。

芦苇

芦苇,别名苇、芦、芦芛。

芦苇是多年水生或湿生的禾草植物。茎秆直立,秆高1~3米,节下常生白粉。地下有发达的匍匐根茎。叶鞘圆筒形,无毛或有细毛。叶舌有毛,叶片长线形或披针形,排列成两行。叶长15~45厘米,宽1~3.5厘米。圆锥花序,顶生,分枝稠密,花序长10~40厘米,稍下垂,为白绿色或褐色,雌雄同株。花期为8—12月。果实为颖果,披针形,顶端有宿存花柱。

古人用芦苇比喻相思,《诗经》说:"蒹葭苍苍,白露为霜。所谓伊人,在水一方。"这里的蒹葭,有说是初生的芦苇,也有说是两种植物。"蒹"是荻,是芦竹,只是"像芦苇";"葭"才是真正的芦苇。两者的区别是芦竹的植株较高、茎秆较粗、叶片较大,但两种植物都可以叫芦苇。解缙诗歌:"墙头芦苇,头重脚轻根底浅;山中竹笋,嘴尖皮厚腹中空。"把芦苇比喻为思想动摇的性格,这里的芦苇应是茎秆较细,叶片、花序均较小的真正芦苇。

芦苇株形飘逸,在公园的湖边,经常可见到芦苇优雅的身影。芦苇秆可作造纸和人造丝原料,也供编织席、帘等用;叶、花、茎、根、笋均可入药。

集大人工湖东西岸均有芦苇可供欣赏,西岸水中冬天干枯后的芦苇,亦自成景。

芦 竹

芦竹又称荻芦竹、江苇、旱地芦苇。

芦竹为禾本科多年生草本植物，具发达根状茎。秆高2～6米，直径1～2.5厘米，坚韧，具多数节，常有分枝。叶片扁平，长30～60厘米，宽2～5厘米，表面与边缘微粗糙，基部白色，抱茎。叶鞘长于节间。叶舌膜质，截平。圆锥花序长30～60厘米，直立。颖果细小黑色。花果期9—12月。

芦竹的茎秆为制管乐器簧片的原料，可用于制作高级纸、人造丝或编织用具，也是优质造纸原料。农村用芦竹秆盖屋顶。幼嫩枝叶是良好的牲畜饲料。花序可作切花。根状茎可药用，具清热泻火功效。

芦竹阳性，喜温暖水湿环境，适应能力很强，常种植于水岸。

集大的人工湖南岸成片种植芦竹，因其茎干直立挺拔，植株清秀，叶片宽大鲜绿，花序美丽，婀娜多姿，欣赏价值极高。这些美丽的芦竹，是那些脖子上挂着相机、手中还举着相机，来集大拍摄美景的摄影师们，必然要拍照的对象。

旅人蕉

旅人蕉又名旅人木、扁芭槿、扇芭蕉、水木。原产非洲马达加斯加。

旅人蕉为旅人蕉属常绿乔木状多年生草本植物，高 5~6 米。树干直立丛生，外形像一把大折扇。叶长圆形，外形像蕉叶，互生于茎顶，长约 3 米，宽约 60 厘米。叶鞘筒形呈杯状。叶柄长约 2~4 米。穗状花序，腋生，两性，每边花序轴长有 5~6 枚佛焰苞，总苞片船形，先端锐尖，佛焰苞长约 25~35 厘米，宽 5~8 厘米，内有花 5~12 朵，排列成蝎尾状聚伞花序。蒴果，形似香蕉。种子肾形，披碧蓝色撕裂状假种皮。

旅人蕉高大挺拔，看似树木，实为草本。叶片硕大奇异，状如芭蕉，左右对称排列，犹如摊开的浅绿色巨大纸折扇，又像正在尽力炫耀自我的孔雀开屏，姿态优美，极富热带自然风光情趣。

旅人蕉叶柄底部有一个酷似大汤匙的贮水器，可以贮藏好几斤水，只要在这个位置上划小口子，清凉甘甜的泉水便立刻涌出。因此，人们又称旅人蕉为"旅行家树""水树""沙漠甘泉""救命之树"。

集大新校区有许多旅人蕉，如建发楼、禹州楼等教学楼周围，有一处旅人蕉特别高大壮观，令人赞叹，就在道远楼学生公寓北边。站在那棵旅人蕉下，感觉就像站在一堵绿墙边。

禹州楼高 31.6 米，5 层，建筑面积 11796 平方米，有 32 间集大公共教室，由禹州集团捐建。禹州集团董事长林龙安是财经学院的校友。

建发楼 5 层，建筑面积 11610 平方米，为公共教学楼，由厦门建发集团捐建。

绿宝树

绿宝树别名大叶牛尾连、牛尾林。

绿宝树为紫葳科落叶乔木，高可达 25 米。树皮浅灰色，深纵裂。1～2 回羽状复叶，小叶纸质，长圆状卵形。总状花序或圆锥花序，两性，花萼淡红色，筒状不整齐，3～5 浅裂。花冠淡黄色，钟状，长 3.5～5 厘米。蒴果长 40 厘米。种子卵圆形，薄膜质。花期 6—8 月及 11—1 月。

绿宝树的树姿挺直，美观优雅，花朵多而大，花香淡雅。开花时，每个枝条都有花序，许多金黄色花朵成串同时开放，极为赏心悦目，为极好的观赏植物。常见盆栽绿宝树，摆放在办公室。绿宝树喜光照、暖热环境，大树移栽较易成活。

集大在 2011 年非规划地造林时，在新校区西侧道路外绿地等处种植了数百株绿宝树。海外教育学院门口斜坡绿地上，也有十几株绿宝树，悠闲优雅地站在那里。

秋天时节，绿宝树叶子色彩丰富，从黄色到翠绿，十分好看。有时以远处的尚大楼及近处的集诚楼为背景，为这些绿宝树拍照，看看它们和大楼谁站得更端正笔直，真是有趣。

罗汉松

罗汉松又名罗汉杉、长青罗汉杉、土杉、金钱松、仙柏、罗汉柏、江南柏。

罗汉松是罗汉松属常绿乔木，高可达 20 米，树冠广卵形。叶条状披针形。种籽卵形，有黑色假种皮，着生于肉质而膨大的种托上，味甜可食。种托大于种籽，成熟时红色，加上绿色的种籽，好似光头和尚穿着红色僧袍，故名罗汉松。花期 4—5 月；种子 8—11 月成熟。

常见的栽培品种有狭叶、柱冠、小叶、短尖叶、斑叶等不同叶型的罗汉松。

罗汉松树形古雅，种子与种柄组合成奇特的罗汉造型，惹人喜爱，南方寺庙、宅院多有种植。造型优美的大型罗汉松盆景，通常价值不菲。2010 年，珠海市耗资 800 万元在两条道路旁种植 31 棵罗汉松，平均每棵 26 万元。

集大校园里，老校区的罗汉松点缀在教师教育学院教学楼边及主干道上，交通中心门口。财经学院也有校友近年栽植的罗汉松。

新校区的教学楼、学生公寓以及办公室楼旁多

处种植罗汉松，如尚大楼门前两侧原有罗汉松，后因长势不好移植到美岭楼东侧路边。中山纪念楼两侧都有不少罗汉松。中山纪念楼 5 层，建筑面积 11502 平方米，是集大校友会办公场所及学校展览馆，由陈守仁、陈金烈、陈仲昇捐建。

秋季校园里，经常看到罗汉松果实累累，这些"和尚"们，随树枝方向或站立，或斜出，或头朝下，好像在天空云雾之上自由飘荡。

罗汉松嫩芽初长，叶片的颜色红、黄、绿相间，稚嫩可爱，也非常好看。

麻 楝

麻楝又名阴麻树、白皮香椿。原产我国。

麻楝是楝科麻楝属常绿乔木，树干通直，高达38米，树冠卵形。树皮灰褐色；小枝赤褐色，具白色皮孔。偶数羽状复叶，小叶10～18片，互生，卵形至矩圆状披针形，长7～12厘米，全缘。圆锥花序，聚生于枝条末端。花单性，疏落排列。花细小，黄色或略带紫色，芳香。蒴果近球形，灰褐色，成熟时裂开，放出大量扁平带翅膜的椭圆形种子。花期4—5月。果期9—1月。

麻楝树姿雄伟，适宜用作庭荫树、行道树。集大航海学院明良楼对面路边成排种植麻楝；海星楼学生公寓后有一棵麻楝非常高大。体育学院校区有许多高大的麻楝树，球形蒴果累累如硕大的龙眼。

因为遮荫效果好，新校区建设时，也在教学楼、学生公寓旁普遍种植麻楝树。

马缨丹

马缨丹又叫五色梅、山大丹、大红绣球、珊瑚球、臭金凤、如意花、昏花、七变花、如意草、土红花、臭牡丹、杀虫花、毛神花、臭冷风、天兰草、臭草、五色花、五雷箭、穿墙风、野眼菜、五彩花、红花刺、婆姐花。原产美洲热带地区。

马缨丹为马鞭草科多年生直立或半藤状灌木。茎枝呈四方形,野生种通常具向下弯的皮刺,栽培种无刺。单叶对生,具皱折,揉烂后有强烈的气味,卵形,顶端渐尖,基部圆,腹面具糙毛,背面被短刚毛。伞型花序,总花梗粗壮,苞片披针形。夏秋季开花,有红、黄、白等多种颜色。果圆球形,成熟时紫黑色。

马缨丹花期长,花色繁复,是极好的观花植物。根、叶、花可入药,有清热、解毒、止血之效。

漳州平和乡村也有一种植物叫臭草,叶片与马缨丹相似,开的是白色花,同样有清凉解热、活血止血的功效。

集大新校区人工湖南岸成片种植马缨丹,西侧道路的盆架子行道树树穴也有种植。水产学院08A教学楼北侧绿地等处的马缨丹,与其他绿色植物组成美丽的花坛。教师教育学院东边护墙,也有许多马缨丹,向着外面的马路边悬垂而下,绿叶间红花点点。

集大的马缨丹多数是黄色花,但也有许多处是红黄杂色的多色花品种。在水产学院1号学生宿舍门口,更有白花马缨丹,非常漂亮。马缨丹花期长,能长期点缀、美化校园。

芒果树

芒果树，又叫檬果、樣仔、庵波罗果。原产于印度，有4000多年的栽培历史。

芒果树是漆树科芒果属常绿乔木，树冠稍呈卵形或球形，树干直，分枝条多，树皮灰白色或灰褐色。在厦门，芒果树被大量用作行道树，台风季节之前，芒果树都要被园林部门修剪掉许多旁枝。在街头看芒果树，感觉都"伤痕累累"。

芒果也是观花观果植物，芒果的叶互生，长椭圆形或长披针形，革质，全缘。新叶为紫红色，很柔软漂亮，旧叶为绿色。芒果开花也很好看，顶生的圆锥型花序，淡黄绿色或淡红色。花期2—4月。

芒果的果实呈肾脏形，常见品种有青芒果、黄芒果、长芒果、腰芒、红皮芒。果肉甜美多汁，营养丰富，含糖量和热量高，冰过的果肉芳香甜滑，十分好吃。芒果好吃，有时候会让人过敏。一些小孩子吃芒果，若不及时洗嘴巴，嘴唇会红肿。

集大的老校区都有树龄较长的芒果树，航海学院内主干道、轮机学院北门进来道路、财经学院文学楼前、教师教育学院北侧都有成排的芒果树，树势高大，隆荫蔽日，夏日里成为师生纳凉的好去处。炎炎夏日，很多私人小车喜欢停放在芒果树下，好客的芒果树常额外赠送很多落叶。办公室窗外有芒果树是很舒服的，有一次在机械与能源工程学院办公楼窗前看到窗外一排芒果树上，挂满了青青绿绿的芒果，正是硕果累累的样子。

航海学院的明良楼今年重建，很幸运，楼前高大的芒果树都被保留了下来。很多影视作品在航海学院拍摄取景，一些导演说，那些树不能砍，长这么大的树不容易，是宝贝。不过这些"宝贝"的落叶给校园清洁工阿姨带来很多麻烦，有时候她们早上5点多就来打扫，8点多师生上课时又落叶满地。落叶季节，在清洁工没有打扫前，走在轮机学院落叶满地的路上有一种很特别的感觉，好像走在深山老林里，特别舒服。落叶终究要打扫，毕竟是校园道路。

轮机学院操场边这些芒果树，由于每棵树生长情况不同，有的在换叶，有的没有，所以形成青黄相间的彩色林带。

在平和县乡村，芒果被叫做"樣仔"。因为"樣仔又酸又大核"，所以如果你被人家说你是"樣仔"，大概是说你爱吹牛，实际上是小气鬼。

美丽针葵

美丽针葵别名软叶刺葵、针葵、美丽珍葵、罗比亲王椰子、罗比亲王海枣。原产东南亚。

美丽针葵为棕榈科刺葵属常绿木本植物。高1~3米，茎通常单生，少数丛生，有残存的三角形叶柄基部。叶羽状全裂，长约1米，稍弯曲下垂，裂片披针形，长20~30厘米，较柔软，2列，近对生。肉穗状花序生于叶腋，长20~50厘米，雌雄异株。果长1.5厘米，枣红色，果肉薄，有枣味，10—11月成熟。

美丽针葵株形丰满，枝叶拱垂似伞形，细密的羽状复叶潇洒飘逸，叶片分布均匀且青翠亮泽，稍弯曲下垂，是优良的盆栽观叶植物。

集大的美丽针葵，主要分布于体育学院东大门进来校道两边、集诚楼外、光前体育馆东侧、吕振万楼南侧、财经学院文澜楼旁、轮机学院明华园内等处。新校区教学楼、学生公寓周边多有栽植，如引桐楼一号学生公寓楼边就有成排的美丽针葵。

体育学院东大门进来校道两边的美丽针葵，长势很好，姿势柔美，成排种植整齐，好像正在接受体育学院老师对它们的体操训练。

轮机学院明华园的植物设计很有特色，各种植物布局由园内小道区隔，形成一个锚型。两排美丽针葵，恰好位于锚柄位置。旁边的育志楼止如一艘巨型船舰。

美人蕉

美人蕉又名兰蕉、大花美人蕉、红艳蕉等。原产美洲、印度、马来半岛等热带地区。

美人蕉是美人蕉科美人蕉属多年生球根草本花卉。株高可达 1.5 米,根茎肥大;地上茎肉质,不分枝。茎、叶具白粉,叶互生,宽大,长椭圆状披针形或阔椭圆形。总状花序自茎顶抽出,花径可达 20 厘米,花瓣直伸,具四枚瓣化雄蕊。花色有乳白、鲜黄、橙黄、桔红、粉红、大红、紫红、复色斑点等 50 多个品种。果实椭圆形,外被软刺。花期 6—10 月。

美人蕉枝叶茂盛,花大色艳,花期长,园林中广为应用。在公共绿地中大片丛植美人蕉,可展现其群体美。

集大各校区均有美人蕉,尤其新校区绿地、人工湖边、陈延奎图书馆前、诚毅学院主干道中间隔离带等处有多处丛植,有红色和黄色品种。夏秋黄昏,夕阳照耀着美人蕉那红艳娇美的花朵,常引人驻足欣赏。

美人树

美人树也叫美丽异木棉、酒瓶木棉、丝绵树、酪酊树。原产南美洲。

美人树为木棉科异木棉属乔木，树干直立，株高可达 15 米，成年树树干呈酒瓶状，树冠伞形。绿色的树干上着生疏瘤状尖刺，这是其一大特征。花单生，花苞圆珠状，花冠淡紫红色，花冠近中心初时为金黄色，后渐渐转为白色。秋季盛花期，开花时满树鲜艳的花朵，绚丽耀目，异常美丽，故称美人树。美人树花期长，是优良的观花乔木，高级的行道树、庭院绿化和美化树种。

美人树果实较大，成熟后，厚厚的外皮自然脱落，白色的絮状物脱颖而出，洁白炫目，悬挂在枝头，状如成熟开裂的棉花团。果实内含种子，报纸报道有人在厦门植物园偷摘美人树的种子，被抓获，案值数万元。

美人树很漂亮，但突刺容易伤人，尤其是小孩，所以不太适合种植在人多的草地上。美人树犹如带刺的玫瑰，艳丽而让人不能轻易接近。

集大财经学院图书馆后路边有数棵高大的美人树，学生会从这里经过，附近住着的老师也会从这里经过，很多师生都会见到这几棵美人树，花开季节，可以每天欣赏美丽绚目的花海。

其他校区也有美丽异木棉树供师生欣赏，尤以新校区为多。

美蕊花

美蕊花，又名美洲合欢、红合欢、红绒球、朱缨花。

美蕊花是含羞草科朱缨花属常绿灌木，二回羽状复叶，叶互生，小叶对生，披针形或歪长卵形。花冠呈圆球形，伞形花序，丝绒状花序为雄蕊，花丝艳红色，聚成红色可爱的小红绒球。

美蕊花是热带花卉，喜爱多肥，耐热、耐旱、耐剪，不耐阴，易移植。冬季休眠期会落叶或半落叶。因花型雅致，人见人爱，在庭园、校园、公园的绿地等处常见栽植，也适合大型盆栽或深大花槽栽植，修剪整型。

厦门在公路绿化带种植美蕊花，平时修剪整齐，绿叶婆娑；开花时则任其自然生长，红花灿烂。

集大校园里有许多美蕊花，如航海学院学生公寓 A 楼前、引桐楼学生公寓周边。

美蕊花的花色鲜红，花型酷似一团绒球，吸引人们近前细看，也常以其红艳大花吸引蜜蜂采蜜。

米兰花

米兰花为楝科常绿灌木或小乔木，原产亚洲南部。

米兰花是大叶米兰的小叶变种。分枝多而密。羽状复叶互生，小叶 3～5 枚，有光泽。圆锥花序腋生，花小似粟米，金黄色，杂性异株，新梢开花，清香四溢，气味似兰花。浆果，卵形或球形，有星状鳞片。种子具肉质假种皮。四季开花，夏季开花最盛。

米兰花香气浓郁，作为食用花卉，可提取香精，制米兰花茶。

米兰花是人们喜爱的花卉植物，南方城市广泛用于绿化带造景，又常盆栽陈列于厅堂等处，可使环境清新幽雅。

平时不注意，可能会将米兰与九里香混淆，一开花就可简单分辨，米兰花似粟米，极细小；九里香开白色花，花瓣 5 片，长椭圆形，长可达 1.5 厘米。

集大各校区均有米兰分布，财经学院图书馆前、航海学院允恭楼后，就各有 1 株较大型的米兰。财经学院办公楼亲民楼西侧更是一排多株高大的米兰。

亲民楼是 1980 年的建筑，如果米兰与其同时栽种，则已经有 30 多年了。

茉莉花

茉莉花又名香魂、莫利花、没丽、没利、抹厉、末莉、末利、木梨花。在菲律宾又被称为"桑巴吉塔",是该国国花。原产印度、巴基斯坦。

茉莉花为木犀科素馨属常绿小灌木,高达3米。小枝圆柱形或稍压扁状。单叶对生,纸质,椭圆形、卵状椭圆形或倒卵形。聚伞状花序顶生,通常有花3朵,有时单花或多达5朵,花极芳香,花冠白色。果球形,紫黑色。花期5—11月。

茉莉花是著名的香花植物,花香清雅,可用于制作茉莉花茶、提炼香料等,有良好的保健和美容功效。茉莉花是福州市的市花,茉莉花茶是福州市特产。

茉莉花叶色翠绿,花朵洁白,香味浓厚,是最常见的芳香性盆栽花木。张维桢有《观音香竹枝词》:

松围雪腕梗黄金,
茉莉花香透素襟。
好趁观音香火夜,
画船接个赛观音。

歌曲《好一朵美丽的茉莉花》唱道:"好一朵美丽的茉莉花,芬芳美丽满枝桠,又香又白人人夸……"

集大在水产学院学生宿舍6号楼外有两丛茉莉花,盛花时节,花朵如雪,洁白满枝,香气宜人,令人陶醉。

母 生

母生学名红花天料木，又名麻生、天料、龙角、高根、摩天树。产于海南、广东、广西，是珍贵用材树种。

母生为大风子科天料木属常绿大乔木。树干通直，树皮灰褐色，平滑不脱落。小枝褐色。单叶互生，薄革质，椭圆状矩圆形，长 6～9 厘米，宽 2～4 厘米。秋末会有新芽叶长满树梢，很是漂亮。总状花序腋生，花细小，长 5～15 厘米；两性，花瓣外面粉红色，里面白色。蒴果纺锤形，为宿存萼片或花瓣所包围，顶部分裂。花期 6—2 月，果期 10—12 月。

集大体育学院综合教学楼西侧路边有一排母生树。科学馆东边的集美体育馆旁边也有几棵，其树干通直，高过附近的南洋楹、细叶桉等高大树木。航海学院对面嘉庚路边也有几棵高过学生公寓的母生树。

初见母生树时，因在无花季节，腋生穗状花序已经干枯，远看如一条条黑乎乎的毛毛虫，密密麻麻地悬挂在枝叶间，不知道是什么东西。看那高耸入云的树干，一开始还猜想是不是叫"望天树"。

集美的母生树，大概是 1970 年左右，由集美郊区林科所从西南引进。《同安文史资料》记载，同安当地的母生树，是 1972 年从海南引种而来。母生树木材红褐色，纹理致密，木质坚韧，是造船、家具的好材料。

母生是集大最高的树种之一，高可达 40 米。尚大楼高 124 米，母生如果种在楼边，估计可以达到 8 楼。旁边的庄汉水楼、吕振万楼才 32 米。母生树真高！

集大体育学院盛产体育冠军，其中有许多人是世界冠军。高高的母生树，好像也要跟最优秀的体育健儿比赛谁更优秀突出。

木　槿

木槿又名面花、朝开暮落花、喇叭花、白饭花、篱障花、鸡肉花、鸡腿蕾、佛叠花、白牡丹。原产中国和印度。是韩国国花。

木槿为锦葵科木槿属多年生灌木或小乔木，株高达6米。树皮灰棕色。单叶互生，卵形或菱状卵形，常3裂，边缘具锯齿。花单生叶腋。花期6—9月，果期9—11月。

木槿夏秋季开花，朝发暮落，每天都有鲜花开放，日日不绝，人称有"日新之德"，所以叫朝开暮落花。花朵大，花期长，有单瓣、重瓣及半重瓣。花色丰富多彩，有白、淡紫、米黄、淡红、紫红色等品种。因其枝条柔软、耐修剪，可造型制作桩景或盆栽。木槿对烟尘、二氧化硫、氯气等抗性较强，是美化、绿化、净化空气的好树种。

木槿花秀美漂亮，《诗经》将其比作美女："有女同车，颜如舜华。"西汉毛苌传云："舜，木槿也。"李白《咏槿》有"园花笑芳年，池草艳春色。犹不如槿花，婵娟玉阶侧。" 李商隐也有《槿花》诗："风露凄凄秋景繁，可怜荣落在朝昏。未央宫里三千女，但保红颜莫保恩。"

喜欢这花叫鸡肉花，因为刚开放的花朵或嫩叶可食用，做汤以后尝起来有些像鸡肉。有一次吃饭，饭店上了一道菜，木槿花做的汤，煮好的木槿花吃起来质地脆嫩，细滑可口，味道清香，口感很好。一起吃饭的同事是永定人，他说在他们老家，人们把木槿花做成的菜叫做"米汤花"。木槿花作菜制作简单，凉拌、炒制、作汤都可以。徽菜里有木槿豆腐汤，木槿花和豆腐一起煮，美味可口。

据说用木槿花煎水洗脸，可美容养颜；用叶汁洗头可治头皮癣，头发容易梳通，滋润秀发，能让头发自然乌黑且能除去头皮屑。

木槿花在集大难得一见，只在航海学院海通楼边有3丛，开着淡紫色的花。这花的别名叫白牡丹，也很形象，其花和叶子都很像牡丹。第一次见到时，曾猜测它是否为牡丹的一个品种。

木麻黄

木麻黄别称澳洲铁木、马毛树、短枝木麻黄、驳骨树。原产澳大利亚、太平洋诸岛。

木麻黄是木麻黄属常绿乔木。树干通直，高达30米。树皮深褐色，不规则条裂。小枝绿色，代替叶的功能，叫叶状枝。叶退化呈鳞片状，每节着生鳞片状叶6～8枚。花单性，同株或异株。聚合果椭圆形，外被短柔毛。小坚果具翅。

木麻黄根系具根瘤菌，这是它在瘦瘠沙土上能速生的主要原因。木麻黄是深根性树种，耐瘠、耐碱、耐旱，不怕海潮，生长迅速，适于在高温多雨的海边沙滩上生长，因而是南方滨海防风固沙的优良树种。谷文昌就是利用木麻黄在东山县成功造林，造福一方，为人们所纪念。

木麻黄材质坚重，可供建筑、家具、造纸用材；树皮可提制栲胶，可制备染料；枝叶、种子可作饲料。木麻黄树冠塔形，姿态优雅，为庭园绿化树种。

集大校园里有许多木麻黄，主要分布在体育学院、财经学院、机械与能源工程学院、水产学院海水养殖场，其中，体育学院操场西侧成排种植。新校区人工湖边也有木麻黄。

集美学村的木麻黄据说为嘉庚先生于1932年从台湾引种。科学馆片区的军乐亭北侧有一棵非常高大的木麻黄。

龙舟池800多米长南岸种满木麻黄，植株都很高大。每年龙舟竞渡时，龙舟池畔的木麻黄似乎在为体育健儿们摇旗呐喊。

木棉树

木棉又名英雄树、红棉树、攀枝花、莫连、红茉莉、莫连花、斑芒树。原产印度。

木棉为木棉科落叶大乔木。树干直立，高可达40米。树干密生瘤刺，但不尖锐。枝条轮生，向四方水平伸展。掌状复叶，小叶有5～7片。花冠五瓣，有的橙黄或橙红色，有的大红色。花开后才接着萌发新芽。花期2—4月，果期6—7月。

木棉的棉絮质地柔软，是古代中国的重要织衣材料。人们用木棉代替棉花来作棉袄的填充料。其棉絮团中藏有一颗黑色的种子，生命力顽强，棉球随风滚动，遇到潮湿的土地便吸水而落地发芽生根。

木棉除了观赏价值高，花、皮、根均有药用价值。将晒干了的木棉花煮粥或者煲汤，可以解毒清热驱寒去湿；木棉皮煮水也有清热、利尿、解毒、活血消肿等功效，对慢性胃炎、胃溃疡、泄泻、痢疾等有显著疗效；根有散结止痛的功用。

木棉的树干虽然粗大，但木质太软，所以用途不大，只能制作包装箱板、火柴梗、木舟、桶盆等，或造纸。

集大校园里有许多木棉。航海学院允恭楼前就有两株，十分高大。据说是上个世纪六七十年代，老校友从国外带回所种，现在每年开硕大的红艳花朵，十分壮观。允恭楼所在地，以前集美人称之为烟墩山。山顶的允恭楼建于1923年，3层，44间。楼前有块南极石，是航海学院杰出校友、中国极地研究所副所长兼"雪龙"号船长袁绍宏从南极带回来赠送给母校的礼物。

老校区的其他学院，如财经、师范、体育等，也都有木棉，校部东门内侧开始直至海外教育学院东侧绿地上点缀着数株木棉。集大宾馆，也就是国际学术交流中心，左侧斜坡绿地有丛植几棵木棉，花开季节，满树火红的花朵简直就要把这里的天空也映红照亮。

2013 年植树节，在新校区西南侧道路边种植 10 棵高大木棉，文学院南侧草地也种植了 3 棵。这些都是经过 2 年假植的大苗移来，胸径达 20～30 公分。当时要种这些树时，曾有好友提醒说，木棉树花落后满地污秽；且在 5 月时，成熟后的果荚开裂，果中的卵圆形种子连同白色的棉絮，会随风四散，都不好打扫。因为这个原因，福州曾经砍掉许多木棉行道树，改种其他。但集大新种的木棉，远离教室和办公室场所，应该不会有什么影响。

集大新校区篮球场西侧道路外有另外一种木棉，名为青皮木棉，其树皮青绿色，光滑无刺。

南洋杉

南洋杉原产澳大利亚诺和克岛。有多个品种，名称繁多，按属地称谓有英杉、澳杉、诺和克杉、南洋杉；按叶称谓有异叶南洋杉、小叶南洋杉、美丽南洋杉；按形态称有塔式南洋杉、海南南洋杉等。我国引进有肯氏南洋杉和诺和克南洋杉等品种。

南洋杉为南洋杉属常绿大乔木，树形高大，在原产地可高达 70 米，胸径近 2 米。叶二裂，生于老枝上的则密聚，卵形或三角状钻形，叶色浓绿。雌雄同株异花。球果卵形，种子两侧有翅。

南洋杉枝叶茂盛，姿态优美，它和雪松、日本金松、北美红杉、金钱松被称为世界五大公园树种，是美丽而壮观的观赏树种。可孤植、列植或配植在草坪、树丛内。也可作为大型雕塑或风景建筑背景树。南洋杉孤植以无强风地点为宜，以免树冠偏斜。

南洋杉又是珍贵的室内盆栽装饰树种，极耐荫，用于客厅、走廊、书房的点缀，显得十分高雅。

集大水产学院综合楼与水院原图书馆之间有成排而高大的南洋杉，轮机学院雕塑园以及航海学院允恭楼前也有几棵。新校区篮球场西侧道路外绿地，有十几株南洋杉。

南洋楹

南洋楹,别名马六甲合欢、仁仁树、仁人木。原产印度尼西亚。

南洋楹是含羞草科合欢属常绿乔木。树干通直,高达 45 米以上。2 回羽状复叶,对生,矩圆形;腋生穗状花序再组成圆锥花序,花冠淡白色。荚果扁带状。花期 4—6 月,果期 7—9 月。

南洋楹树冠稀疏,树形美观,可作庭园绿荫树种栽植。生长迅速,在原产地胸径年生长量可达 10 厘米以上,在热带地区享有"植物赛跑家"的美誉,是良好的经济林木。

集大科学馆东侧、体育学院操场南边、集诚楼外水渠两岸分布有高大的南洋楹,树龄均超过 30 年。科学馆东侧有高大的南洋楹,其中一棵 40 厘米直径大树枝,在 2013 年假期无风的日子突然断裂倒下,砸坏科学馆的一个窗户。

集大新校区初建，缺乏高大树木，因此体育学院操场南边及集诚楼外水渠两岸高大的南洋楹显得十分珍贵，成为校内极具特色的风景树。外地来宾从尚大楼 23 楼观景平台往下观看、拍照，这些高大翁郁的绿色大树，非常养眼好看。

集大新校区建设工程入选"新中国成立六十周年百项经典暨精品工程"，专家认为，该工程融合了西洋和中国传统风格，融合了园林、绘画、雕刻等多种艺术形式，闽南风味的燕尾脊，"嘉庚瓦"坡屋面，红色墙砖配以精雕细琢的石材墙面，西洋风格的窗套、窗楣，富有韵律的廊拱，形成鲜明独特的"嘉庚建筑"风格，在闽南、福建乃至全国独树一帜。该工程以闽南石、木、砖、土为原料，聘用闽南工匠施工，将"出砖入石"的工艺发挥到了极致。

有了人工湖边那些高大的南洋楹，洁白的银合欢，色彩艳丽的台湾栾树，金叶斑斓的富贵榕，绿色飘逸的杨柳，迎风拂拭的红千层；有了道路边美丽的香樟、糖胶树、小叶榄仁一系列植物的衬托与配合，新校区将更加漂亮，更加美丽迷人。

柠檬桉

柠檬桉原产澳大利亚。中国引种已有近百年历史，引进的品种在百种以上，主要有桉树、窿缘桉、柠檬桉、蓝桉、大叶桉、葡萄桉、赤桉、直干桉、多枝桉。

柠檬桉是桃金娘科桉属常绿大乔木，高可达40米，胸径达1米多。树皮平滑，淡白色或淡红灰色，片状脱落，皮脱后树干色白光滑。异常叶较厚，有时长达30厘米，宽达7.5厘米，下面苍白色。正常叶互生，卵状披针形或狭披针形，长20厘米，稍呈镰状。

柠檬桉树干高大通直，刚劲挺拔，直指云天；年年脱皮而呈灰蓝、灰白色。树冠柔软轻盈，似杨柳轻飏；开花时则散发沁人心脾的柠檬香气，清香四溢，令人陶醉。植株亭亭玉立，宛如美丽的少女，被人们称为"林中仙女"。

柠檬桉树叶具强烈的柠檬味，可用来提炼香油，制造香皂。因其柠檬味非常浓烈，蚊子和苍蝇等不敢接近。

集大体育学院的柠檬桉最多，办公楼、游泳馆边等处都有成群种植，而且都是高大壮观的大树。航海俱乐部，为陈嘉庚1959年所主持建造，其东边两棵柠檬桉极为高大，树龄应有50年。体院学生常赤膊光膀子训练，也许当时建设者就想到用柠檬桉来防蚊子？！

新校区建设时，西侧靠近公路沿线种植成排3000多棵桉树，主要目的是降低汽车噪音、防尘。可惜目前都在高压电线下，必须每年截枝修剪。可能会改植其他。

早期集美农林学校老师文章描述桉树"树干直立，叶形美观，气味清香"。科学馆校区军乐亭边有高大的柠檬桉；科学馆东南侧路边的两棵桉树，树皮脱落较少，浅纵裂，应是粗皮细叶桉。科学馆片区桉树可能是陈嘉庚时代引种的。《同安文史资料》说陈嘉庚引入的桉树有柠檬桉，1926年从澳大利亚引入；大叶桉、细叶桉、兰桉，都是1937年从澳大利亚引入。

女 贞

女贞别称女桢、女贞实、桢木、冬青子、白蜡树子、鼠梓子、蜡树、将军树。

女贞是木犀科女贞属常绿小乔木或大灌木，高可达 10 米。叶卵状针形；初夏开白花，花小而芳香，密集成顶生的圆锥花序，长 12～20 厘米。花期 6—7 月。果期 10—12 月。

女贞分小叶女贞、红叶女贞、金叶女贞、金边冬青、金边女贞等多种。女贞对大气污染的抗性较强，对二氧化硫、氯气、氟化氢及铅蒸气均有较强抗性，也能忍受较严重的粉尘、烟尘污染。

女贞叶可提取清香的冬青油，常被添入甜食和牙膏中。

女贞枝干扶疏，枝叶茂密，树形整齐，开花时节，满树白花，令人驻足观赏，是园林中常用的观赏树种。

在集美学村，从厦门大桥下沿着河堤向龙舟池方向走，路边就有一排女贞树。那里刚好有一个公交车站，初夏时节就有人边等车边拍女贞花。

集大校园里，在轮机学院学生公寓边、音乐学院校区靠近同集南路的围墙边、水产学院女生公寓前及周围等处，都有女贞的身影。

平常远看女贞的树籽，没什么特点，走进看，就会发现非常密集的果粒，形成圆锥体，密布满树，非常漂亮。

爬山虎

爬山虎又叫爬墙虎、巴山虎、地锦、飞天蜈蚣、假葡萄藤、捆石龙、枫藤、小虫儿卧草、红丝草、红葛、趴山虎、红葡萄藤。

爬山虎属多年生大型落叶木质藤本植物，可长达 20 米以上。枝条粗壮，老枝灰褐色，幼枝紫红色。枝上有短卷须，多分枝，卷须顶端及尖端有粘性吸盘，遇到岩石、墙壁或是树木等物体便吸附上爬。叶互生，小叶肥厚，基部楔形，变异很大，边缘有粗锯齿，叶片及叶脉对称。聚伞花序，黄绿色。浆果球形，有白粉。花期 6 月，果期 10 月。

爬山虎是垂直绿化的优选植物，因其高超的攀缘能力，极适于配植宅院墙壁、围墙、庭园入口处、桥头石墩等处，起绿化美化作用。

厦门道路桥梁下多处种植爬山虎，枝条随桥梁基柱外壁攀缘而上，使桥梁披上郁郁葱葱的绿装。秋天，爬山虎的叶子变成橙黄色，又还没有爬上桥梁顶部，于是在半壁形成美丽的图案。

爬山虎绿化覆盖效果非常好。叶圣陶在《爬山虎的脚》一文中说："爬山虎的叶子绿得那样新鲜，看着非常舒服，叶尖一顺儿朝下，在墙上铺得那样均匀，没有重叠起来的，也不留一点儿空隙，一阵风吹过，一墙的叶子就漾起波纹，好看得很。"

这"好看得很"的植物，集大也多处分布，而且也都好看得很！最厉害的是即温楼北侧外墙，整面墙壁都被爬山虎"占领"，夏天这里成为最绿油油的世界，在即温楼楼的清凉里读书，真是很有福气。音乐学院的外墙也爬满爬山虎，体育学院东侧护墙的爬山虎甚至爬上高大的盆架子树，盆架子的大树干好像长满绿叶。

嘉庚图书馆、信息学院及文学院楼边，这两年新种爬山虎，长势良好，相信不久也可在这些地方欣赏到大片绿墙。嘉庚图书馆西侧侨福现代艺术长廊《东方红》铜像，昂首高举双手，背景墙上初长的爬山虎姿势恰好与其艺术气息相衬托。

炮仗花

炮仗花又名火焰藤、黄金珊瑚。原产中美洲，世界各地都栽培。

炮仗花为紫葳科炮仗花属的常绿大藤本植物。藤条上有线状3裂的卷须，可攀援高达10米。小叶2~3枚，卵状至卵状矩圆形，长4~10厘米，先端渐尖，茎部阔楔形至圆形，叶柄有柔毛。花橙红色，长约6厘米。花期1—6月。

炮仗花因花似炮仗而得名，春季开花时节，朵朵金黄色的花朵就像一串串迎春的鞭炮，满棚满架，极为鲜艳灿烂。

炮仗花可用大盆栽植，置于花棚、花架、茶座、庭院门首、露天餐厅等处，作顶面及周围的绿化，也可地植作花墙，覆盖土坡、石山。

集大的炮仗花多栽植在护墙边，如财经学院女生楼西面、新校区集诚楼前圆形平台西面、体育学院往学生公寓方向斜坡护墙，这些地方都爬满炮仗花，平时绿叶披挂的绿色藤墙，到了开花季节，便热闹起来，特别是在晴天的日子里，夕阳照耀下满墙鲜黄花串，仿佛怒放的焰火，一派喜气洋洋，极受师生喜爱。

炮仗竹

炮仗竹又名爆竹花、吉祥草。原产墨西哥，中国广东和福建等地有栽培。

炮仗竹为玄参科炮仗竹属灌木，高约 1 米，茎绿色，轮生，细长，具纵棱。叶小，对生或轮生，退化成披针形的小鳞片。聚伞圆锥花序，花红色，花冠长筒状，长约 2 厘米，花期春夏至秋季。

炮仗竹喜温暖湿润和半阴环境，也耐日晒，不耐寒。不怕水湿，耐修剪。其红色长筒状花朵，成串吊于纤细下垂的枝条上，犹如细竹上挂着鞭炮，所以叫炮仗竹。在花坛、树坛边种植，或盆栽观赏，极为美观。

集大在航海学院往港澳生楼的路边就有一丛炮仗竹，花朵极多，花期长，非常漂亮。

盆架子

盆架子别名灯架树、面盆架、糖胶树、面条树、黑板树。

每当大学新生来到集美学村，一定会在学村大门边受到几棵高大盆架子树的热烈欢迎。据说科学馆后面的几棵高大的盆架子，是陈嘉庚从国外带回来种植的，已经长得比科学馆还高。盆架子原产马来群岛，说是陈嘉庚带回国，或许可能。

现在的集美学村，从集美幼儿园、集美小学、集美中学，到集美大学，所有校园里都有盆架子树的飒爽风姿。集美小学敬贤堂门口就有两棵，其中一棵树上还有鸟窝，给小学生们增加许多乐趣。

盆架子以其树形雄伟，枝条开展呈水平状，层层有序，树冠优美，而且生长迅速，为高级的庭园绿荫观赏树及行道树。

集大树龄较长的高大的盆架子树，除了科学馆边的几棵，科学馆北侧的军乐亭边也有许多棵。军乐亭于1925年8月落成，原名介眉亭，为纪念嘉庚校主50岁而造，陈嘉庚拒绝，于是改为军乐练习场所。

更多的盆架子分布在体育学院内，尤其是办公楼南侧球场周围，相信体育健儿们对此记忆深刻。体院教工楼东边原有四棵盆架子很高大，可惜教工楼要加装电梯，其中靠近的一棵给拦腰砍截了，实在可惜。

也有人说盆架子树开花，味道很浓很臭，路过都会晕倒，这个说法有些夸张。盆架子秋季开花，9月份学校开学时，路边盆架子满树花朵，非常漂亮。

现在学校盆架子最多的地方是新校区，从国际学术交流中心开始，向西再向北直到校区整条西侧道路，两边都是盆架子树，显得非常壮观。等这些树长得更高大一些，这条路可以叫盆架子树路了。

盆架子果实细长如面条，所以叫面条树；又因其有丰富的白色乳汁，可提取制口香糖原料，所以又叫糖胶树。

蟛蜞菊

蟛蜞菊又名黄花蟛蜞草、黄花墨菜、黄花龙舌草、田黄菊、卤地菊。原产南美洲，在我国主要分布于福建、两广等地。

蟛蜞菊为菊科蟛蜞菊属多年生草本植物。茎横卧地面，具短毛。茎长可达 2 米以上。基部各节生不定根，分枝。叶对生，叶片披针形，长 3～7 厘米，先端短尖或钝。头状花序单生于枝端或叶腋，总苞钟形，舌头状花黄色，花冠近钟形。瘦果，倒卵形。花期 3—9 月。

蟛蜞菊全年开花不断，春夏为盛，是优良的地被植物。蟛蜞菊以全草入药。

集大校园的蟛蜞菊，主要分布在新校区人工湖边。花期极长，常年盛开着黄色小花，为人工湖岸增添灿烂美丽色彩。

枇 杷

枇杷又名金丸、芦橘、芦枝。原产中国，因果实形似琵琶乐器而名。

枇杷是蔷薇科枇杷属常绿小乔木。高可达 10 米；小枝、叶背及花序密生灰棕色绒毛。单叶互生，叶片革质，长倒卵形或长椭圆形，边缘有疏锯齿。圆锥花序花多而紧密，白色，芳香。梨果近球形或长圆形，黄色或橙黄色。果实大小、形状因品种不同而异，初夏成熟。花期 10—12 月，果期 5—6 月。

枇杷是我国南方特有的珍稀水果，其果肉柔软多汁，酸甜适度，味道鲜美。《本草纲目》记载"枇杷能润五脏，滋心肺"。过去人们常把枇杷制作成罐头，记得小时候，偶尔会吃到枇杷罐头，那是十分可口的美味。福建莆田市的书峰乡、常太镇，云霄县被誉为中国枇杷之乡，这些地方的枇杷都很好吃。

集大体育学院和航海学院的教工住宅区有高大的枇杷，其他老校区也有零星分布。新校区南部绿地新种植有几棵。

枇杷树形整齐美观，叶大荫浓，富有光泽，四季常青。冬季白花盛开，夏天枇杷成熟，在绿叶丛中，果实累累，金灿灿的十分好看。因此，在校园里种枇杷，重在观赏性。

平和蜜柚

平和蜜柚，又名香抛，原产于福建平和。

蜜柚是芸香科柑橘属常绿乔木，高 5~10 米。柚子树叶大而厚，呈心脏形。簇生总状花序。果实大，圆形、扁圆形或阔倒卵形；成熟时呈淡黄色或橙色。果皮厚，有大油腺，不易剥离。果肉白色或红色。果味甜酸适口，秋末成熟，耐贮藏。福建、广东、广西、浙江、四川、湖南等地均有栽培柚子树，有琯溪蜜柚、文旦柚、沙田柚等品种。

平和蜜柚是漳州平和县的地方名果，至今已有 500 多年栽培历史，清乾隆年间被列为朝廷贡品。最有名的为"琯溪蜜柚"，以皮薄多汁、清甜醇蜜、酸甜适中而著名，其果肉颜色有白肉、红肉、黄肉等。平和县有习近平种植的琯溪蜜柚。

平和蜜柚原来叫抛，清代学者施鸿葆《闽杂记》一书说："品闽中诸果，荔枝为美人，福桔为名士，若平和抛则侠客也，香味绝胜……"平和县蜜柚产量最大，是当之无愧的"世界柚乡、中国柚都"，每年举办蜜柚节。

据说平和西林村有一些 50 多年树龄的蜜柚树，非常高大，产量也很惊人，一棵树的产量可达 2000 斤，而且肉质细嫩，汁多清甜。

集大本无蜜柚树，2012 年在新校区文学院南侧绿地实验性地种植了数十棵平和蜜柚，期待来年能够开花欣赏。诚毅学院也在体育馆、影剧院周边种植了一些。平和蜜柚开花极香，有些人把小树盆栽，虽只开花数朵，也能满室飘香。

平和蜜柚已被深加工成蜜饯、蜜柚酒、蜜柚饮料等多种产品。虽然蜜柚很甜，但直接榨成果汁却夹杂苦味，难以入口。集美大学生物工程学院的蔡慧农教授和他的科研团队经过多年努力，成功研究出"蜜柚脱苦"技术，解决了这个问题，人们因此可以喝到清香甘甜的蜜柚果汁。

苹婆

苹婆又名凤眼果、七姐果。

苹婆是梧桐科常绿乔木，树干通直，高可达20米，树皮褐色。枝轮生，平伸。掌状复叶，聚生于小枝顶端，有小叶7～9片，椭圆状披针形，长10～15厘米，宽3～5厘米；叶柄长10～20厘米。圆锥花序着生于新枝的近顶部。蓇葖果木质，椭圆形而似船状，长5～8厘米。种子椭圆形，黑色而光滑。花期4—5月。因果实皮红子黑，斜裂形如凤眼，故称"凤眼果"。

苹婆果实可食用，味道如栗子。广东习俗中，苹婆果实是"七姐诞"的祭品，若无苹婆果实，即以苹婆同属植物假苹婆的果实代替，因而又叫"七姐果"。

苹婆植株高大，树冠宽阔，叶大浓密，覆盖可几乎不见阳光，是很好的庭院风景树和行道树。

集大旧校区没有苹婆，新校区建设时在庄重文夫人体育中心东侧斜坡绿地种植了苹婆。该树品种应为栽培的苹婆同属植物掌叶苹婆，树叶为掌状复叶，碧绿青翠，生机勃勃。

庄重文夫人体育中心可容纳8000多名观众，由萧学忠、庄秀纯伉俪捐建。

菩提树

菩提树有许多别名：觉悟树、智慧树、沙罗双树、阿摩洛珈、阿里多罗、印度菩提树、黄桷树、思维树、毕钵罗树、觉树。

菩提树为桑科榕属植物，树干笔直，树皮灰色。树冠为波状圆形，具有悬垂气根。佛门弟子奉菩提树为圣树。莫高窟壁画中，菩提树随处可见，不计其数。印度、斯里兰卡、缅甸各地的丛林寺庙中普遍栽植菩提树。印度将之定为国树。

菩提树树干粗壮雄伟，树冠亭亭如盖，既可做行道树，又可供观赏。叶片心型，前端细长似尾，在植物学上被称作"滴水叶尖"，非常漂亮。枝杆富含白色乳汁，可制硬性树胶。用树皮汁液漱口可治牙痛。花入药，有发汗解热、镇痛之效。

菩提树枝干上会长出气生根，形成"独树成林"景观；在印度、斯里兰卡、缅甸的某些地方，人们将其气生根砍下来，作为大象的饲料。

六祖惠能因为感觉其师兄的"身似菩提树，心似明镜台，时时勤拂拭，不使惹尘埃"悟禅不彻底，于是吟出"菩提本无树，明镜亦非台；本来无一物，何处惹尘埃"的悟禅之言。

集美通往嘉庚公园的浔江路边有许多高大的菩提树。春夏换叶时，肉绿色新叶，柔嫩漂亮。

集大航海学院海通楼南侧种植成排的菩提树，高大荫浓，许多航海学子喜欢坐在菩提树下的石板上读书。新校区在南门进来人工湖边道路上成排种植菩提树，中山纪念楼前草地的东西两侧也成行种植菩提树。

葡 萄

葡萄为葡萄属落叶藤本植物。褐色枝蔓细长。单叶互生,近圆形,全缘至3～7裂,叶缘有锯齿。叶腋着生复合的芽。卷须或花序与叶对生。浆果多为圆形或椭圆,有青绿色、紫黑色、紫红色等,具果粉。

葡萄原产西亚,据说是汉朝张骞出使西域时经丝绸之路带入中国。葡萄皮薄而多汁,酸甜味美,营养丰富,有"水晶明珠"之美称。

葡萄品种很多,全世界约有8000种,常用可酿酒的有10多种。可分为酿酒葡萄和食用葡萄两大类。粒大、皮厚、汁少、优质、皮肉难分离、耐贮运的欧亚种葡萄称为提子。

除生食外,葡萄果实还可以制干、酿酒、制汁、酿醋,制罐头与果酱等。葡萄酒是用新鲜的葡萄或葡萄汁经发酵酿成的酒精饮料,通常分红葡萄酒和白葡萄酒两种。

在集大校园,葡萄仅见于文学院南侧花架周边,虽然这些葡萄枝叶繁茂,每年开花,结果也很多,夏秋一串串葡萄翠绿可爱,但总等不到成熟就被人摘去。

蒲 葵

蒲葵又名扇叶葵、葵树、葵竹。原产我国南部。

蒲葵是棕榈科蒲葵属常绿乔木，高达 20 米。单干，树冠紧实，近圆球形。叶扇形，掌状浅裂至全叶的 1/4～2/3，着生茎顶，下垂，裂片条状披针形，顶端长渐尖，再深裂为 2。叶柄长可达 2 米，两侧具骨支沟刺，叶柄切面呈三角形，叶鞘褐色，纤维多。肉穗花序腋生，长 1 米有余，分枝多而疏散，花小，黄色，两性，通常 4 朵聚生，花冠 3 裂，几达基部。核果椭圆形，状如橄榄，熟时亮紫黑色，外略被白粉。花期 3—6 月，果期为 11—5 月。

蒲葵与棕榈较相似，但棕榈最高仅 10 米，而蒲葵长到 20 米高很常见；蒲葵叶较大，茎杆较粗；棕榈叶柄上只有许多连续分布的小钝刺，蒲葵叶柄上是相互分离的尖锐倒刺；棕榈叶片小，叶裂较深，正常情况下叶裂末端不下垂而挺直，蒲葵叶则较大，叶裂较浅，叶裂尖端自然下垂；蒲葵茎杆上的纤维较棕榈的少，易脱落而露出树干，棕榈的则浓厚而密，不易脱落。

蒲葵树干像椰树，挺直无枝，可丛植或行植，作广场和行道树及背景树。树干可作手杖、伞柄、屋柱。嫩芽可食。叶可制扇，广东江门新会的葵扇驰名全国，素有葵扇之乡美誉。

集大旧校区各处有种植蒲葵，即温楼前就有一排，植株高大，开花及结果都很漂亮。新校区的教学楼及学生公寓旁边绿地种植较多，庄汉水楼西北侧草地就有十数株蒲葵。蒲葵与华棕也很相似，经常让人分不清楚。

朴 树

朴树别称黄果朴、白麻子、朴、朴榆、朴仔树、沙朴。

朴树为榆科朴属落叶乔木，高达20米；树冠扁圆形。树皮灰褐色，光滑不开裂，枝条平展。叶质较厚，阔卵形或圆形，中上部边缘有锯齿。花杂性同株，1~3朵生于当年枝的叶腋；花被片4。核果近球形，红褐色；果核有穴和突肋。花期4—5月，果期8—10月。

朴树分布于河南、山东、长江中下游和以南诸省区。朴树对多种有毒气体抗性较强，吸滞粉尘的能力好，常在城市及工矿区种植。

集大西苑餐厅东侧草地边有一棵高大的朴树，树龄较长，树干粗壮虬曲，树冠圆满宽广，雄伟壮观，树荫浓郁。经常有送快递的人在这里摆摊收发快递，快递员给物主发短信说来西苑餐厅旁边大树下取件，大家都懂得是在哪里。

航海学院崇俭楼后、财经学院尚忠楼前操场东南侧，也都各有一棵腰围粗大的朴树。估计两棵树的树龄差不多。

新校区人工湖边也有朴树。新校区学生公寓建设时，也在楼边新种了一些。

牵牛花

牵牛花别名喇叭花、牵牛、朝颜花。

牛花为旋花科牵牛属一年生蔓性缠绕草本花卉。蔓生茎细长,约4米,全株多密被短刚毛。叶互生,全缘或具叶裂。聚伞花序腋生,1朵至数朵,花冠喇叭样,花色鲜艳美丽。蒴果球形,成熟后胞背开裂,种子粒大,黑色或黄白色,寿命很长。花期6—10月,大都朝开午谢。

牵牛花为夏秋季常见的蔓性草花,可用于小庭院及居室窗前遮阴、小型棚架、篱垣的美化,亦可作地被栽植,也适宜盆栽,摆设庭院阳台观赏。

集大老校区较少见牵牛花,但新校区人工湖边则是牵牛花的天堂。浅红色及紫色的花朵,随着藤蔓四处蔓延,爬满水渠周边的银合欢树上。靠近集大宾馆的校园铁围墙,也爬满牵牛花藤蔓。

俏黄栌

俏黄栌别名紫锦木、非洲红、非洲黑美人、红叶乌桕、肖黄栌。原产墨西哥及危地马拉。

俏黄栌为大戟科大戟属半常绿灌木。高5～8米。树冠圆整，分枝多，嫩枝暗红色，稍肉质。叶柄纤细，长约3厘米，3叶轮生或2叶对生。叶广卵形，全缘，长11厘米，宽约8.5厘米，叶脉明显，红色至紫红色。顶生圆锥花序，松散。枝叶具乳汁，可刺激皮肤发痒甚至肿痛。

俏黄栌四季如一，终年红色，浓艳华丽，是非常美丽的观叶植物。

集大航海学院即温楼后有成排的俏黄栌，其暗红色身影，与身边绿色的圆柱型小叶榕和对面爬满即温楼的爬山虎绿色海洋，形成强烈的对比。

新校区南部绿地也有几处单株俏黄栌点缀，其红色的身姿，为一片绿意中的绿地增添温暖色彩，形成更加丰富多彩的校园彩化美感。

琴叶榕

琴叶榕又名琴叶橡皮树、大琴叶榕。原产非洲。

琴叶榕是桑科榕属常绿乔木，因叶先端膨大呈提琴形状而得名。高可达12米，茎干直立，极少分枝。叶片密集，先端钝而稍阔，厚革质，深绿色。叶长可达40厘米，宽15厘米。叶脉明显，叶表富于光泽。可用湿布擦拭以保持湿润和美观。花生于隐花果内，隐花果球型，有白斑，成对或单一。室内栽培生长缓慢，可以修剪顶芽控制高度及植株大小。

琴叶榕株型优美，叶片奇特，具较高的观赏价值，是理想的厅堂室内观叶植物，为当今国内外较为流行的庭园树、盆栽树。

集大也有两棵琴叶榕，种植在工商管理学院报告厅外，因为长在角落里，一般人不会注意到它们。其叶片宽阔，叶型奇特，一般人很难想到它也是榕树的一个品种。曾把其果实摘下放在办公室，自然风干后，外表褶皱，极其干硬。

琴叶珊瑚

琴叶珊瑚别名琴叶樱、南洋樱、日日樱。原产西印度群岛。

琴叶珊瑚为大戟科麻疯树属常绿灌木，植株具乳汁，有毒。株高 1~2 米。单叶互生，倒阔披针形，常丛生于枝条顶端。叶基有 2~3 对锐刺，叶面为浓绿色，叶背为紫绿色，叶面平滑。聚伞花序，花瓣 5 片，花冠红色；且为单性花，雌雄同株，自着生于不同的花序上。蒴果，熟时黑褐色。

琴叶珊瑚花朵虽然不大，但花期长，无论什么时候，都可以看到它开花，是庭园常见的观赏花卉。

集大文学院南侧的水池葡萄花架边种植了不少琴叶珊瑚。人工湖南岸爬满巴西花生藤的绿地边也有数丛，它们在夏末秋初静静地开着小小的红色花朵。

青 棕

青棕又名马氏射叶椰子。原产澳洲。

青棕为棕榈科射叶椰子属常绿大灌木，茎干细长丛生，高可达 8 米。具竹节环痕。羽状复叶，小叶 10～12 对，阔线形，长 25～30 厘米，宽 2～4 厘米，先端宽钝，截状有缺刻，排列整齐。穗状花序腋生，雌雄同株。果实椭圆形，熟时鲜红色。

青棕性喜温暖湿润的生长环境，耐半阴，适应性广，生长较快，适宜庭院种植与盆栽，可植于建筑物背景植物外侧，美丽优雅，极具热带风光气息，观赏效果较好。

集大吕振万楼北侧有数丛长势旺盛的青棕；章辉楼西侧也有种植 3 丛供师生观赏。这些青棕株形秀丽，果色鲜艳好看。其植株远观极似散尾葵，又似三药槟榔，平时不注意容易混淆。

人心果

人心果又名人参果、吴凤柿、赤铁果、奇果。

人心果属山榄科人心果属常绿乔木，果实外形长得像人的心脏，所以得名；果形有点像柿子，所以又称吴凤柿。树高可25米以上，树干灰褐色，具明显叶痕。全株具白色乳汁。单叶互生，丛生枝端，革质，浓绿色，有光泽，椭圆形至广披针形，全缘。花着生叶腋，细小，单生，偶有簇生，花冠筒状，黄白色。浆果，卵形或球形，褐色，肉质。花果期4—9月。

人心果未熟时青绿至褐色，成熟后灰色或锈褐色。夏季成熟上市，每个重40～120克。果皮呈浅咖啡色，表面粗糙。未成熟的果含有很多单宁，味涩，摘下后需存放几天，催熟再吃。果实味甜中带微酸，芳香爽口，营养丰富，有清心润肺功效，还可制成果酱、果干、果酒等。

人心果的树干中有白色树胶，称为"奇可胶"，是制造口香糖的高档环保胶基。人心果含有丰富的葡萄糖和多种维生素，对心脏病、肺病和血管硬化有辅助疗效。

集大体育学院教工住宅区、航海学院花圃等处种有人心果。每年夏天，都可看到这些树形挺拔端正的人心果树上，结满累累果实。

工商管理学院门外绿地，也孤植有一棵人心果，虽尚属小树，已经能开花结果。

榕 树

榕树为桑科榕属乔木，原产热带亚洲。

榕树高达 30 米，树冠可向四面无限伸展。叶椭圆形或卵状椭圆形。隐花果球形，熟时紫红色。花期 5 月，果期 11 月。

榕树以树形奇特、枝叶繁茂、树冠巨大而著称。其支柱根和枝干交织在一起，形似稠密的丛林，这就叫做"独木成林"。

榕树多生长在热带雨林地区。孟加拉的热带雨林中有一株大榕树，树冠投影面积竟达一万平方米，曾容纳几千人的军队躲蔽骄阳。广东新会天马河边也有一株古榕树，树冠覆盖面积约 15 亩，数百人可在树下乘凉。福州市的榕树特多，所以称为"榕城"。榕树是福建省的省树，福州市的市树。

榕树的用途体现在食用、药用、绿化园林等多个方面。

集大老校区都有高大的榕树。财经学院就有 4 棵，其中操场东北侧两棵为古树名木，树龄分别近 130 年和 230 年，这两棵大榕树，只要是财经的校友都会懂，毕竟好几年在那树下上体育课，或在那儿乘凉。尚忠楼与黄楼之间有棵大榕树，枝叶繁茂；古龙大礼堂前大榕树长势不好，修剪养护恢复中。

机械与能源工程学院福东 2 号楼西、体育学院运动场东北角及综合训练馆东、生物工程学院灿英楼旁均有高大的榕树。生物工程学院灿英楼由李尚大捐建。

轮机学院及新校区有各地校友种植的纪念树，多是较大棵的榕树。

新校区大树较少，近两年加大种植力度，其中榕树是主要品种之一。现在南门进来已经有了 6 棵

高大的榕树。

尚大楼门廊立柱边摆放着两棵高大的榕树盆景。门前广场则种植了两棵大榕树。尚大楼124米高，共24层，是集美大学的标志性建筑，为集美校友李尚大捐建。李尚大为集美大学的组建和实质性合并，为诚毅学院的创办，倾注了大量心血，他给集大的捐赠超过2000万元人民币。

集美有一处地名为国姓寨，那里的延平楼前有一棵大榕树，被列为"古树名木"。与边上的郑成功抗清故址"延平故垒"一起成为集美一景，所有的集美学子都应该知道这个地方。

鸟儿会把榕树籽带到屋顶、石缝，甚至其他树木如蒲葵等上面，然后长出小榕树来，谓为"飞来榕""鸟屎榕"。这些飞来仙客，所需无多，只要有阳光雨水和一点点的飞尘养分，就能蓬勃生长，如不除剪，它能够让房子开裂、石头开裂，很是厉害。

软枝黄蝉

软枝黄蝉别名黄莺、小黄蝉、重瓣黄蝉、软枝花蝉。原产巴西。

软枝黄蝉是夹竹桃科黄蝉属常绿藤状灌木，枝条柔软、披散，长可达 4 米，向下俯垂；茎叶具乳汁，有毒；叶对生或轮生，叶片倒卵形，长 10～15 厘米。聚伞花序顶生，花冠漏斗状，黄色，中心有红褐色条斑，花冠基部不膨大，花蕊藏于冠喉中。蒴果球形，密生锐刺，结果率很低。

软枝黄蝉姿态优美，枝条柔软，披散，花明黄色，花径大，具有较高的观赏价值。

集大新校区有多处成片种植软枝黄蝉。炎炎夏日，师生放假，但这些成片的软枝黄蝉，绿叶之间盛开着朵朵喇叭状黄花，形成黄色花海，犹如众多黄色明亮的小喇叭在精彩演奏，状极热闹。

三角梅

三角梅，别名九重葛、三叶梅、毛宝巾、簕杜鹃、三角花、叶子花、叶子梅、纸花、南美紫茉莉。原产南美洲。

三角梅为常绿攀援状灌木。茎干奇形怪状、千姿百态，或左右旋转，反复弯曲，或自己缠绕，打结成环。枝蔓较长，具有锐刺。花色鲜红夺目，花型大，每三片苞片相聚成一朵小三角形的花。

在厦门，三角梅是深受市民喜爱且广泛种植的观赏花木，为厦门市市花。三角梅非常容易扦插繁殖，只要随便剪取成熟的枝条，插入土壤中，就能成活，约一个月就能生根，长出枝叶，第二年就能开出美丽的花朵。

目前世界上有三角梅品种300多种，厦门园林植物园已收集培育100多种，是全国拥有三角梅品种最多的地方。所植三角梅造型优美，千姿百态，繁花似锦，艳丽喜人。近年来，三角梅的品种"同安红"也得到广泛的引种。"同安红"花期长达200多天，一年四季都有鲜艳密集的花朵可供欣赏。

集大集诚楼北面草地上有一个三角梅的花架连廊，三角梅开花时节，学生手捧书本，坐在花下读书。财经学院办公

楼前，2013年新种了20株"同安红"。生物工程学院灿英楼二楼平台摆放了一排三角梅盆景，整排盆景，不见叶子，只见花开，鲜艳夺目。

但学校三角梅最多最漂亮的地方，还是诚毅学院南面的围墙，整条围墙都是三角梅，而且有多个品种，那里真正是花的海洋。特别是学院南门西侧，有几株植株高大、花色多样的三角梅，开花时特别好看。

2011年10月，时任中共中央政治局委员、国务委员的刘延东到集美大学视察，学校特意在陈延奎图书馆门口摆放了两盆繁花似锦的三角梅，引来许多学生争相拍照，相信同学们毕业后，对此会记忆深刻。

舒婷在《日光岩下的三角梅》中写道：

是喧闹的飞瀑
披挂寂寞的石壁
最有限的营养
却献出了最丰富的自己
是华贵的亭伞
为野荒遮蔽风雨
越是生冷的地方
越显得放浪、美丽
不拘墙头、路旁
无论草坡、石隙
只要阳光常年有
春夏秋冬
都是你的花期
呵，抬头是你
低头是你
闭上眼睛还是你
即使身在异乡他水
只要想起
日光岩下的三角梅
眼光便柔和如梦
心，不知是悲是喜

据说三角梅的花语是"热情，坚韧不拔，顽强奋进"。

三角椰子

  三角椰子又名三角槟榔,是原产于马达加斯加雨林的一种棕榈科植物。在原产地,可高达 15 米。叶子长约 2.5 米,自然弯曲。叶子基部从三个部分长出来,形成一个三角形,故得此名。花朵从叶下长出,呈黄色及绿色。可全年开花,色彩鲜艳。果实绿色至黑色,球形,不可食用。

  三角椰子株形奇特,适应性广,可孤植于草坪或庭园,观赏效果佳。也可作盆栽。我国华南地区较早引种,数量也最多。厦门植物园于上世纪 70 年代引进栽培。

  集大新校区多处种植三角椰子,尚大楼内部中庭就有几棵;尚大楼北侧路边、文学院办公楼边、工商管理学院学术报告厅旁等处都有三角椰子。

散尾葵

散尾葵，又名黄椰子、紫葵。原产非洲马达加斯加岛。

散尾葵为棕榈科散尾葵属丛生常绿灌木或小乔木。基部多分蘖，呈丛生状生长。茎干光滑，黄绿色，嫩时披蜡粉，上有明显环纹状叶痕。羽状复叶，全裂。叶柄稍弯曲，先端柔软；裂片条状披针形，左右两侧不对称，中部裂片长约50厘米，顶部裂片仅10厘米。圆锥状肉穗花序，生于叶鞘下，多分支。花小，金黄色，花期3—5月。果近圆形。

散尾葵枝条开张，枝叶细长而略下垂，株形潇洒优美，适宜室内摆放，显热带风光。散尾葵叶子还可用于插花切叶。

散尾葵用于庭园观赏，抗二氧化硫。在家居中摆放散尾葵，能够有效去除空气中的苯、三氯乙烯、甲醛等有挥发性的有害物质。散尾葵与滴水观音一样，具有蒸发水气的功能，如果在住宅室内种植一棵散尾葵，能够将室内的湿度保持在40%~60%，特别是冬季，室内湿度较低时，能有效提高室内湿度。

集大校园各校区都可见散尾葵优美婆娑的身影，多数在教学楼、学生宿舍周围成排列植，如财经学院文澜楼周围、体育学院体育综合实验室大楼外、水产学院校区大门进来两侧绿地。最多最漂亮的，还是新校区第五社区学生公寓楼边，整排的散尾葵，夏秋时，树的中间挂满橙黄金亮的果串，很是好看。

散尾葵盆栽经常在学校各类型会议上出现，作为会场背景衬托风采。在办公室一角摆放散尾葵，其枝叶茂密，四季常青，能让人心情舒爽。

桑 树

桑树原产我国中部，有约四千年的栽培史。

桑树为桑科桑属落叶乔木。高可达 16 米，胸径 1 米。树冠倒卵圆形。叶卵形或宽卵形，锯齿粗钝，幼树之叶常有浅裂、深裂，上面无毛，下面沿叶脉疏生毛，脉腋簇生毛。数十朵小花聚集在同一花轴上形成桑花花穗。聚花果紫黑色、淡红或白色，多汁味甜。花期 4 月。果熟 5—6 月。

桑叶是养蚕的饲料。枝叶和桑皮都是极好的天然植物染料。桑葚为桑树上结的聚花果，又叫桑果。成熟时紫红色，味甜汁多。桑葚味甘酸，性寒，具有调整机体免疫功能，促进造血细胞生长、降血脂、护肝等多种作用。桑葚还可酿酒。

桑树树冠丰满，枝叶茂密，桑葚能吸引鸟类，是城市绿化的优良树种。

汉乐府《陌上桑》写采桑女秦罗敷拒绝太守之类官员调戏的故事，歌颂她的美貌与坚贞的情操。

东汉的宋子侯也有《董妖娆》诗：

洛阳城东路，桃李生路旁。
花花自相对，叶叶自相当。
春风东北起，花叶正低昂。
不知谁家子，提笼行采桑。
纤手折其枝，花落何飘扬。
请教彼姝子：何为见损伤？
高秋八九月，白露变为霜。
终年会飘堕，安得久馨香？
秋时自零落，春日复芬芳。
何如盛年去，欢爱永相忘！
吾欲竟此曲，此曲愁人肠。
归来酌美酒，挟瑟上高堂。

集大新校区多处种植桑树，如人工湖东北岸边、陆大楼东侧绿地，这些树虽小，却已经都能结出果实；老校区财经学院文渊楼南面有棵较大的桑树。

山茶花

山茶花又名茶花、曼佗罗树、玉茗花、山茶、晚山茶、洋茶。古名海石榴。

茶花是山茶科山茶属常绿灌木和小乔木。枝条黄褐色，小枝呈绿色或绿紫色至紫褐色。叶互生，革质，有光泽，叶缘有细齿。花单生，近圆形。变种重瓣花瓣可达 50～60 片，花的颜色红、白、黄、紫、墨色均有，十分鲜艳。花期 2—4 月。果秋季成熟。

山茶花叶色亮绿，花大艳丽，开花于冬春之际，花姿丰盈绰约，端庄高雅，花色鲜艳，已成为花卉市场冬季主要的盆栽观赏花木。

山茶花原产喜玛拉雅山一带，品种极多，是中国传统观赏花卉，栽培历史悠久。后来传入欧美，成为世界知名花卉。

历代文人墨客都有歌颂山茶花的作品，白居易《十一月山茶》诗云：

> 似有浓妆出绛纱，
> 行光一道映朝霞。
> 飘香送艳春多少，
> 犹如真红耐久花。

苏轼也有《邵伯梵行寺山茶》：

> 山茶相对阿谁栽，
> 细雨无人我独来；
> 说似与君君不会，
> 灿红如火雪中开。

集大的山茶花，以财经学院女生楼边为最多，但航海学院允恭楼后有两株山茶较为高大，开白色花朵。新校区也有多处种植，章辉楼北侧就成排种植山茶花。

新校区人工湖南岸印度橡皮树下也有，这几丛茶花开花时花朵极大，品种为五彩茶花，极为美丽。

山黄麻

山黄麻又名麻桐树、麻络木、山麻、母子树、麻布树。

山黄麻为榆科山黄麻属常绿小乔木或灌木，高达 10 米；树皮灰褐色，平滑或细龟裂；小枝灰褐至棕褐色，密被直立或斜展的灰褐色或灰色短绒毛。单叶互生，纸质或薄革质，宽卵形或卵状矩圆形，长 6～15 厘米，宽 2～7 厘米，先端渐尖至尾状渐尖，基部心形，明显偏斜，边缘有细锯齿，叶面极粗糙，有直立的基部膨大的硬毛，叶背有茸毛。疏散聚伞花序，长在叶柄处。核果宽卵珠状。花期 6—11 月，果期 8—12 月。

山黄麻茎皮纤维可作人造棉、麻绳和造纸原料。叶、皮可药用，治皮肤瘙痒等。

集大校园的山黄麻，生长在新校区水渠边，估计是原生野外树种。其他校区未见有用于绿化。

山牡荆

山牡荆是牡荆科牡荆属常绿小乔木,厦门称之为薄姜木。分布于我国亚热带地区。

山牡荆高可达十几米;树干灰褐色,心材黄褐色。树皮纵裂,嫩枝四方形,小枝。花序、花萼、花冠均被灰色柔毛和腺点。

山牡荆可做药用,具有一定的保健功效。木材坚重,耐朽力高,为建筑和桥梁之用。

集大校园里,也许只有一棵山牡荆,位于尚忠楼后,与小蜡树做邻居。这棵山牡荆腰围粗大,直径60厘米以上。开学后,每天可以看到学生从山牡荆树下经过,或是上下课,或是从尚忠楼出来到食堂去吃饭。

校史记载,尚忠楼最初建于1921年,4层,22间。此薄姜木如属尚忠楼初建时所栽种,那就有90多年历史了。尚忠楼所在地为集美学校地势最高的地方,过去集美人称之为二房山。

嘉庚先生创办的集美植物园里也有两棵山牡荆。

肾 蕨

肾蕨别名蜈蚣草、圆羊齿、篦子草、石黄皮。原产热带和亚热带地区。

肾蕨是肾蕨科肾蕨属植物，株高30～80厘米。地下具根状茎，包括短而直立的茎、匍匐茎和球形块茎三种。直立茎的主轴向四周伸长形成匍匐茎，从匍匐茎的短枝上又形成许多块茎，小叶便从块茎上长出，形成小苗。肾蕨没有真正的根系，只有从主轴和根状茎上长出的不定根。根茎叶呈簇生披针形，叶长30～80厘米、宽3～5厘米，1回羽状复叶，羽片40～80对。初生的小复叶呈抱拳状，有银白色的茸毛，展开后茸毛消失，成熟的叶片革质，光滑。羽状复叶，主脉明显，侧脉对称地伸向两侧。孢子囊群生于小叶片各级侧脉的上侧小脉顶端，囊群肾形。

集大吕振万楼和庄汉水楼的东侧墙边植有肾蕨，一般很少人注意。肾蕨在农村的河流溪岸旁自然生长，毫不起眼，但在城市的园林绿化，尤其是厂矿的绿化中，却有着非同寻常的作用。据说肾蕨可吸附砷、铅等重金属，被誉为"土壤清洁工"，其吸收土壤中砷的能力超过普通植物20万倍，相当厉害。

石 栗

石栗又名烛果树、油桃、黑桐油树、铁桐、油果、海胡桃、南洋石栗、烛栗。原产马来西亚及夏威夷群岛。

石栗是大戟科石栗属常绿乔木，高可达 15 米。树皮暗灰色，浅纵裂至近乎光滑。叶卵形至心形，长 10～20 厘米，有时掌状三裂，叶背灰白色，被星状毛。圆锥花序生枝顶，或近顶叶腋；花后结核果，圆球形，径 5～6 厘米，具纵棱；果具木质种皮，坚硬如石，内藏种子 1～2 粒。

石栗树生长迅速，树冠开展，枝叶浓密，具有较好的观赏、遮阴和吸尘效果，抗风力强，是优良的行道树种。种仁含油，可做油漆；树皮可用于治疗痢疾；捣成浆状的核仁和煮过的叶子可用于治疗头痛、溃疡和关节肿大。新鲜的坚果有毒。

集大航海学院校区从诚毅楼前开始到即温楼前校道东边，有许多高大的石栗树。财经学院尚忠楼后也有。

据陈少斌先生的文章可知，诚毅楼曾是校主陈嘉庚办公的地方，集美学校校史记载："民国十四年（1925 年）四月，校长住宅落成，凡二层，八间，即今之校董住宅也。"1925 年春季，首先入住"校长住宅"的是叶渊校长，新中国成立后陈嘉庚回国定居故里，也择居于此楼。

诚毅楼外的这些石栗，树冠开展高大，枝叶浓密，花果同树，非常美丽，常见学生坐在树下，或读书，或乘凉。邻近不远处就是航海学院墙外的嘉庚路，路边也成排种植着高大的石栗。

石 榴

石榴别名安石榴、海榴、若榴、丹若、金罂、金庞、涂林、天浆。原产伊朗及其周边地区。

石榴是落叶灌木或小乔木。树高可达 4 米，分枝多。针状枝。叶呈长倒卵形或长椭圆形，无毛。花多为朱红色，也有黄、白色。果实有甜、酸、苦三种。浆果近球形。花期 5—9 月。果熟期 9—10 月。

晋代张华《博物志》载："汉张骞出使西域，得涂林安石国榴种以归，故名安石榴。" 梁元帝的《乌栖曲》中说"芙蓉为带石榴裙"，"石榴裙"典出于此。古代妇女着裙，多喜欢石榴红色，染红裙的颜料也主要从石榴花中提取，因此人们将红裙称为"石榴裙"。"石榴裙"已成年轻女子的代称，形容男子被女人的美丽所征服，就称"拜倒在石榴裙下"。

中国人视石榴树为吉祥物，象征富贵吉祥、繁荣、多子多福，古人称石榴"千房同膜，千子如一"。闽南民间嫁女儿，常用石榴树陪嫁，种植在夫家的房前屋后。石榴是中国农历五月的"月花"，五月称"榴月"。

石榴果实全身是宝，其花、叶、果实、果壳、根皮均可药用。性味甘、酸涩、温，具有杀虫、收敛、涩肠、止痢等功效。

石榴树姿优美，枝叶秀丽，初春嫩叶抽绿，婀娜多姿；盛夏繁花似锦、色彩鲜艳；秋季果实悬挂，具有较好观赏价值。

集大财经学院敦书楼东南侧、水产学院 6 号学生宿舍楼南侧有石榴，石鼓路财经学院教工住宅周边也有。夏天时烈日暴晒，但这些地方的石榴仍然叶色翠绿，花朵红艳无比，正所谓"榴花红似火"。

柿 子

柿树又名朱果、猴枣。

柿树为柿科柿属落叶乔木,为浆果类水果植物。高达 20 米。树冠阔卵形或半球形,树皮黑灰色裂成方形小块,固着树上,小枝密被褐色毛。叶阔椭圆形,表面深绿色,有光泽,革质,入秋部分叶变红,叶痕大,红棕色。花雌雄异株或杂性同株,单生或聚生于新生枝条的叶腋中,花黄白色。果形因品种而异,颜色从浅桔黄色到深桔红色不等。花期5—6 月,果熟期 9—10 月。

全世界柿子品种有 1000 多个,根据其在树上成熟前能否自然脱涩分为甜柿和涩柿两类。甜柿直接食用,涩柿脱涩后食用。晒干后制成柿饼,外部有一层白色粉末,叫做柿霜。柿饼有降压止血、清热润肠的作用。柿子营养价值很高,但不宜与酸菜、黑枣、鹅肉、甘薯、鸡蛋、菠菜及蟹虾等海鲜类同食,避免胃柿石。

柿子原产中国,已有 1000 多年栽培史。中国是世界上产柿最多的国家,品种繁多,约有 300 多种。湖北罗田县是"中国甜柿之乡",罗田甜柿是世界唯一自然脱涩的甜柿品种。

柿子树形优美,枝繁叶大,入秋后柿子成熟,部分果实和叶子变红,色泽红艳,极为悦目美观。柿子在园林绿化中属于优良观赏树木。

《集美周刊》记载,集美本地有原生树种野柿。财经学院尚忠楼西楼后,原有一棵高大的柿子,秋天挂果累累,红艳美丽。可惜树干下部中空,2011 年 11 月 18 日于雨中轰然倒掉。

现在科学馆西南侧路边有一棵柿树,结果不多,果实较小,但红、黄、青色的柿果同枝争艳,很是好看。小时候老家山上有野生柿子,果实浅黄色的时候摘回来,还不能吃,埋在稻谷里闷几天,就能吃了,味道极甜美。

双荚决明

双荚决明又名双荚槐、金叶黄槐、金边黄槐、腊肠仔树、黄花双夹槐。

双荚决明为豆科决明属木本落叶小灌木或小乔木，株矮小，分枝多。羽状复叶，小叶3～4对，椭圆形。伞房式总状花序顶生，多生于小枝的先端，花鲜黄色。荚果圆柱状，两个一组，悬挂枝顶，故名"双荚决明"。

双荚决明与黄花槐很相像，简单区别是双荚决明以灌木状为主，花期早于黄花槐，叶片6～8片；黄花槐多为小乔木状，花期较双荚决明晚近1个月，叶片多达10～18片，较大。

双荚决明花、叶具有较高观赏价值。花朵金黄，花多香艳，沁人心脾，营造出清凉氛围，给人以愉悦之感。

集大新老校区都有双荚决明，如新校区的人工湖边、五社区4号学生公寓旁；老校区的财经学院、轮机学院。双荚决明树姿优美，枝叶茂盛，夏秋季盛开的黄色花序布满枝头，花团锦簇，灿烂夺目，成为校园里美丽的风景线。

双色茉莉

双色茉莉又名鸳鸯茉莉、五色茉莉、番茉莉。原产热带美洲。

双色茉莉为茄科鸳鸯茉莉属常绿灌木，株高可达1米。叶片长卵形，暗绿色。花单生或几朵密生，花被具5浅裂，好似5瓣梅花，花冠直径3~4厘米，花色渐变，初开时呈淡紫色，逐渐变成青色，最后变成白色。

花朵从破蕾到盛开之初，颜色为深蓝色，但在光照、温度等多种因素的影响下，两三天之后，花冠原来的深紫色色素逐步消失，最后变得纯白。同一植株上开花先后不一，先开者已变白，后开者仍为深紫，双色花像鸳鸯一样齐放枝头，同时具有茉莉样浓郁的芳香，故名"双色茉莉""鸳鸯茉莉"。

双色茉莉开花两季，一般为3—5月，9—10月。

集大新校区一些教学楼周围成片种植双色茉莉，中山纪念楼旁边也有。

水 翁

水翁也叫水榕树。原产中国。

水翁为常绿乔木,高可达 20 米,树皮灰褐色。叶对生,薄革质,长圆形至椭圆形;羽状脉,网脉明显。圆锥花序,花无梗,2~3 朵簇生。花期夏季。浆果阔卵圆形,成熟时紫黑色,有斑点。

巴金散文《鸟的天堂》中,那棵至今近 400 年树龄的巨榕就是水榕树,可能是世界最大的古水榕。水翁外观看起来很像大叶榕,走近看就发现水翁叶子较肥厚、青绿,大叶榕叶子暗绿色;折断带叶枝条,大叶榕的树叶第二天就枯萎干焦,水翁叶子却几乎没有大的变化,只是变得有点柔软。

水翁的医疗价值很高,皮、叶、花都是药材,有清热去湿,生津止渴之效,可用于治疗夏天感暑食滞所致的发热、咽干、口渴、脘胀、呕吐泄泻等症。人们以水翁花泡茶,解暑清热,也可以发表解毒,是防病治病良药。

集大旧校区没有水翁树,新校区有新种植,如学生生活服务中心月明楼与万人食堂之间,就有几棵水榕树。这些水翁,枝叶茂密,中间绿白色的细碎繁花,满树满枝,颇有豪华富足的丰收之感。万人食堂即材塗膳厅,建筑面积 15034 平方米,是目前福建省内最大的学生食堂,由庄炳生捐建。

在集大新校区,合理的植物造景,不仅优化美化了育人环境,其有别于老校区的多种新的植物的引种,极大地丰富了学校植物资源的种类。校主陈嘉庚创办的集美农林学校虽然已经停办,但集大生物工程学院目前有环境工程、生物工程专业,美术学院也有环境艺术设计专业,将来学校增设园林、林学、农学、生物科学等专业也是可能的,如果成事,将是对陈嘉庚农学思想的薪火传承。由此,校园内植物种类的日益丰富必将为可能的新专业建设助一臂之力。

水 竹

水竹又名伞草、旱伞草、水棕竹、风车草。

水竹为莎草科多年生常绿草本植物，根状茎短而粗大，须根坚硬。秆稍粗壮，高可 1.6 米，近圆柱状。上部稍粗糙，基部包裹以无叶的棕色鞘。花序着生茎顶，苞片 10～20 枚，似轮状排列，向四周展开。小穗花序，密集于第二次辐射枝上端，椭圆形或长圆状披针形，具 6～26 朵花。小坚果椭圆形，褐色。

水竹原产非洲，我国南北各省均见栽培，常见配置于溪岸、假山石的缝隙等处，作为观赏植物。因其株丛繁密，茎挺叶茂，四季常绿，秀雅自然，深得盆景爱好者的青睐。

集大新校区人工湖边有栽植水竹，在湖边散步时，别忘记停下脚步欣赏。

水竹芋

水竹芋又名再力花、水莲蕉、塔利亚。原产美国南部和墨西哥。

水竹芋为竹芋科塔利亚属多年生挺水草本植物。株高可达2米。叶互生，卵状披针形，浅灰蓝色，边缘紫色，长50厘米，宽15厘米。复总状花序，花小，紫堇色。全株附有白粉。

水竹芋植株美观，硕大的叶片形似芭蕉叶，翠绿可爱，花序高出叶面，亭亭玉立，蓝紫色的花朵素雅别致，是水景绿化的上品花卉，有"水上天堂鸟"的美誉。除供观赏外，水竹芋还有净化水质的作用，常成片种植于水池或湿地，形成独特的水体景观，也可盆栽观赏或种植于庭院水体景观中。

集大的水竹芋，主要种植在新校区人工湖边，东西两岸有许多。经常可以看到水竹芋开着紫色和银灰色相间的花朵。据说水竹芋的花能捕捉昆虫。

睡 莲

睡莲又叫瑞莲、子午莲、水芹花、水洋花、小莲花。品种繁多，世界各地都有睡莲的身影。

睡莲是睡莲科睡莲属多年生水生花卉，根状茎，粗短。叶丛生，具细长叶柄，浮于水面，纸质或近革质，近圆形或卵状椭圆形，直径6～11厘米，全缘，无毛，上面浓绿，幼叶有褐色斑纹，下面暗紫色。花单生于细长的花柄顶端，直径3～15厘米，宽披针形或窄卵形，花大，芳香。有各种颜色，耐寒。浆果扁平至半球形，种子椭圆形。花期6—8月，果期8—10月。

睡莲属植物的学名NYMPHAEA源于拉丁语NYMPH，意为居住在水乡泽国的仙女。在古希腊、古罗马，睡莲与中国的荷花一样，被视为圣洁、美丽的化身，常被作为供奉女神的祭品。古埃及人称睡莲为"尼罗河的新娘"，经常把它当作壁画的主题。新约圣经也有"圣洁之物，出淤泥而不染"之说。睡莲是泰国、孟加拉国、印度、柬埔寨的国花。

在中国，睡莲很早就用于园林美化，汉代私家园林中就出现过它的身影，但关于睡莲的诗句却不太好找。古人更多的只对着荷花作画与吟诵，有无数关于荷花的古诗词。睡莲的外型与荷花相似，区别在于荷花的叶子和花挺出水面，睡莲的叶子和花都刚好浮在水面上。

睡莲可用于食用或酿酒、制茶、切花、药用等。睡莲的花朵在晚上会闭合，到早上又会张开，昼舒夜卷，所以被誉为"花中睡美人"。

如果没有新校区，集美大学有睡莲吗？答案不太确定，也许校园的哪个角落里养着一水缸。但是有了新校区，有了人工湖，就有了睡莲。

集大人工湖上的睡莲，定是经常入镜的，或许早已是资深摄影家眼中的明星。初夏，常见三两个学生，或者游人，走在人工湖的木栈道上，忽然见其中一个人俯下身去，掏出手机拍那几朵睡莲花。那些睡莲，碧油油的叶子间，只有几朵浅黄色、娇嫩艳美的花蕾，在不甚清碧的湖水中，显得那么楚楚动人。

苏 铁

苏铁又名铁树、避火蕉。因树干如铁坚硬，喜含铁质肥料，得名铁树。又因枝叶似凤尾，树干如芭蕉、松树，被称为凤尾蕉、凤尾松、凤尾铁。

苏铁是苏铁科苏铁属常绿棕榈状木本植物，茎高可达 8 米。茎干圆柱状，不分枝。如生长点被破坏，能在伤口下萌发丛生枝芽，呈多头状。叶 1 回羽状，长 0.5～2 米。雌雄异株，雄铁树的花圆柱形，雌铁树的花半球状。种子大，扁卵形稍，熟时红褐色或橘红色。花期 6—8 月。种子 12 月。

苏铁生长极缓慢，不易看到开花，10 数年以上植株才可开花，故有"千年铁树开花"的说法。但这种不易开花，只发生在长江流域及其以北地区生长的铁树身上，在华南地区尤其是南方滨海，铁树

通常年年开花结籽。铁树为长寿植物,寿命长达 200 年以上,每年自茎顶端能抽生出一轮新叶。

苏铁为世界最古老树种之一,距今约 1 亿 5 万年前的恐龙时代,铁树就遍布世界各地,是典型的活化石。树形古朴,茎干坚硬如铁,体型优美,顶生大羽叶,洁滑光亮,油绿可爱,四季常青。南方以地栽为主,北方多制作盆景布置在庭院和室内,是珍贵的观叶植物。

集大校园各处均有铁树,新校区集诚楼前连廊圆形平台,西面半圈圆环,种植着几十株铁树,蔚为壮观。尚大楼前两边各有两株铁树,广场前面人工湖边更是种了许多。

新校区月明楼后有一棵奇特苏铁,树干在一米左右高度时分开成两枝,继续直立向上生长。月明楼 2 层,建筑面积 8087 平方米,是学生生活服务与活动中心,由企业家蔡良平、蔡月明伉俪捐建。

台湾栾树

台湾栾树又名苦楝舅、金苦楝、木栾仔、五色栾华、四色树。为台湾原生特有树种。

台湾栾树是无患子科落叶乔木，高达25米，干直立，树冠伞形，树皮为褐色。叶为二回羽状复叶，小叶卵形或长卵形，先端尖，基部歪斜，纸质，浅重锯齿缘。圆锥花序顶生，花冠黄色，蒴果三瓣合成，呈澎大气囊状，粉红色至赤褐色，最后呈土色。花期9—10月。其蒴果的红色随着成熟度逐渐变淡，膨大的球囊在末端裂开；完全成熟的果实展裂开，种子呈黑色。

台湾栾树属于高大的观赏植物，经过引种培育后，被广泛用于道路、公园绿化，为遮荫树。花序、果实及叶片色彩均富有变化，开花和结果期很长，为世界级的行道树种。春天时，台湾栾树会从光秃秃的枝条上长出鲜嫩的绿叶；夏天满树绿荫；夏天即将结束时，满树黄花构成耀眼的黄金花浪，黄花落尽，登场的是像灯笼又像气球的鲜红可爱果实。台湾栾树绿化效果极好，移栽成活率高，深受人们喜爱。

集大人工湖边东北侧坡地种植有成排的台湾栾树，秋季开始，可以欣赏到簇拥在其树顶上的耀眼花朵。九月开学后，这片台湾栾树，是人工湖岸极其耀眼靓丽的明星，有无数粉丝与其拍照合影。

天空碧蓝的日子里，站在美岭楼外东看，可见到人工湖中红色屋顶的勿忘亭，对面远处高高的集诚楼，然后中间有南洋楹，有正在热闹开花、无比美丽的台湾栾树。

湖中的勿忘亭，是学校为了表达

对支持建设集美大学新校区的各单位、各界人士，表示感谢和纪念，特意建造，有"嘉庚建筑"风格，非常漂亮。

校内多处地方也种植台湾栾树，如嘉庚图书馆西侧、靠近吕振万楼的人工湖边、弘毅楼学生公寓楼外等。学生公寓弘毅楼外的台湾栾树尤好，学生可以幸福地从楼上楼下多角度、近距离观察欣赏。可以改编一下歌词："我左看右看，上看下看，原来每朵栾树花开都不简单"。

泰 竹

泰竹别名暹逻竹、条竹、南洋竹。原产缅甸和泰国。

泰竹是禾本科泰竹属多年生常绿植物。竿直立，形成极密的竹丛，高 8～13 米，直径 3～5 厘米，梢头劲直或略弯曲；节间长 15～30 厘米，幼时被白柔毛，竿壁甚厚，基部近实心；竿环平；节下具一圈白色毛环；分枝高，主枝不发达。箨鞘宿存，质薄，柔软，与节间近等长或略长，背面具短刺毛，鞘口作"山"字形隆起；箨舌低矮，先端具稀疏短纤毛；箨片直立，长三角形，基部微收缩，边缘略内卷。

集大老校区少见竹类植物，或许就仅有财经学院教工住宅区 4 号楼边的一丛。新校区教学楼边多处种植竹子，但是由于不是毛竹、麻竹等常见竹类，一般人多不认识。

章辉楼东侧墙角有一丛竹子，平时所见大致为枝柔叶细之状，极富观赏效果，但不知是什么竹。有一天把低矮处的竹枝修剪掉，露出竿直丛密的竹丛。但因为竹类繁多，极难辨别，即使对照许多植物书，仍无所获。于是拍了许多照片，到厦门园林植物园查找对比，终于知道是泰竹。

泰竹竿直丛密，枝叶四季常青，集大章辉楼外有这样一丛竹子，实为校园增加不少田园清趣。

苏东坡留连竹子，留下"宁可食无肉，不可居无竹"的名言。据说大画家郑板桥无竹不居，留下大量竹画和咏竹诗，如《竹石》：

咬定青山不放松，

立根原在破岩中。

千磨万击还坚劲，

任尔东西南北风。

桃花心木

桃花心木也称美洲红木,因木材呈桃花色泽而得名。是多米尼加共和国的国树。

桃花心木为楝科桃花心木属常绿大乔木,高可达 25 米以上,树干笔直挺拔,树冠大,全身光滑无毛,小枝具明显皮孔。偶数羽状复叶。圆锥花序,腋生,白色。蒴果卵形,长达 10 余厘米,淡褐色,熟时自成 6 片。种子长有方形薄翅。花期 3—4 月,果期翌年 3—4 月。

桃花心木树冠壮硕,碧绿清秀,树姿优美,是很好的遮荫树和行道树,也是优良的家具和建筑用材,可用于制造高档家具、乐器和游艇、高档汽车的装潢。

集大新校区西侧道路外绿地多处种植桃花心木。同时种植有非洲楝属的非洲桃花心木。

桃 树

桃树为落叶乔木，是中国传统的园林花木，原产于中国，栽培历史悠久。

桃树姿态优美，枝干扶疏，花朵丰腴，色彩艳丽，为早春重要的观花树种。主要分果桃和花桃两大类。花色品种多，较重要的变种有油桃、蟠桃、寿星桃、碧桃。桃的果实是著名的水果，桃核可以榨油，枝、叶、果、根俱能入药，桃木细密坚硬，可供雕刻刻用。

桃花是古代文学作品中的常用题材。《诗经》中就有"桃之夭夭，灼灼其华"的诗句。李白《赠汪伦》：

李白乘舟将欲行，
忽闻岸上踏歌声。
桃花潭水深千尺，
不及汪伦赠我情。

白居易《大林寺桃花》："人间四月芳菲尽，山寺桃花始盛开。长恨春归无觅处，不知转入此

中来。"崔护《题城南庄》诗,人皆能诵:

去年今日此门中,
人面桃花相映红。
人面不知何处去,
桃花依旧笑春风。

自古以来,桃始终被作为福寿吉祥的象征。《西游记》里有关于食用蟠桃能够长寿的精彩描写。人们认为桃子是仙家的果实,吃了可以长寿,所以桃又有仙桃、寿果的美称。

《集美周刊》曾记叙有集美学校老师"农林野宴"踏青赏花的盛事。全文如下:

近时农林学校桃花盛开,夹道缤纷,置身其际,恍入武陵。叶校董因邀同各校教职员,前往野宴,先期发柬通知,略云:"本月四日,时逢休沐,节近花期,拟集同人,游观农校,山中蹑屐,追谢客之高踪,野外行厨,步红桥之胜事,及时行乐,凉荷赞同,份金一元,并请随惠。"届期搭车而往者,计四十余人,寻幽访胜,纵意所之。午后春雨廉纤,扶醉而归,真所人面桃花相映红矣。

上文中的农林学校,是嘉庚先生于 1926 年前后创办的农林专门学校。叶校董指的是叶渊,是当时集美学校的校长。当集美农林学校桃花满树,热烈隆重之时,作为统管集美各校的叶校董,在百忙之中邀请各校教职员同游赏花,花前野宴,颇有文人雅士遗风,高雅浪漫,令人羡慕!春游赏花,恰逢小雨,顿时增添许多雅兴。笔名"可愚"的老师写下《春游绝句》:

雨丝疏密两三行,
雨具虽携懒独张;
共爱罗襟沾湿好,
花前小立语无妨。

带了雨伞也不愿意打开,足见老师们的雅趣与浪漫情怀。

值得一提的是,集美学校的桃花盛事佳话有续,现在集美大学新校区南门内感恩林区就有一片桃树林。中国人向来把"桃李"比喻为学生,老师培养学生遍布天下,所以俗话说"桃李满天下"。集美学校校歌也唱道:"春风吹和煦,桃李尽成行。树人需百年,美哉教泽长。"在感恩林种植桃花,是非常合适的。2011 年植树节,这里首次栽种了 200 多株碧桃;2013 年又新种植了 100 株。

每当阳春三月,集大感恩林数百株桃花盛开,满树花朵红艳灿烂夺目,花香醉人,群蜂飞舞,一派勃勃生机,让人心情舒畅愉悦。届时校内师生员工,校外游人,男女老幼,在这里赏花拍照,成为校园一景。

天门冬

天门冬又名天冬、颠棘、天棘、万岁藤。

天门冬为百合科多年生攀缘植物。根在中部或近末端成纺锤状膨大。茎基部木质化，多分枝，丛生下垂，长 1.2 米，叶丛状扁形似松针，绿色有光泽。花多白色，花期 5—8 月。果实绿色，成熟后红色，球形种子黑色。

天门冬性寒味甘，微苦。具有养阴清热、润肺滋肾功效。用于治阴虚发热、咳嗽吐血、肺痈、咽喉肿痛、消渴、便秘等病症。《本草纲目》载："草之茂者为蘴，俗作门。此草蔓茂，而功同麦门冬，故曰天门冬，或曰天棘。"

集大有天门冬，藏身于财税宾馆及新校区学生公寓楼周围。

天竺桂

天竺桂又名普陀樟，厦门称阴香。

天竺桂是常绿乔木，高 10～15 米，胸径 30～35 厘米。枝条细弱，圆柱形，红色或红褐色，具香气。叶近对生或在枝条上部者互生，卵圆状长圆形至长圆状披针形，革质。圆锥花序腋生，长 3～10 厘米，末端为 3～5 花的聚伞花序。果长圆形。花期 4—5 月，果期 7—9 月。

李时珍《本草纲目》之《木部》卷三四"天竺桂"条："此即今闽粤、浙中山桂也，而台州、天竺最多，故名。"天竺桂树姿蔚秀，树皮和叶散发香味，为良好的观赏树。

集大财经学院文澜楼旁边整条道路种植数十棵天竺桂为行道树，茂密的枝叶遮住道路上方的天空。一般人很少抬头去看树上漂亮的花序。

集美龙舟池北岸的道南楼边也有一排天竺桂，其植株大小与财经学院的极其相似。原集美财经学校萨兆铃校长回忆，1958 年秋季开学，财经学校就在道南楼上课。之前更在集美农林学校务本楼、航海允恭楼、水产学院福东楼等各处上课。集美各学校本来就是一家人。新中国第一位经济学及会计学博士林志军是集美财经校友，现为香港浸会大学会计学教授。

在集大新校区，天竺桂是学生公寓楼外的主要行道树，弘毅楼门口道路两侧是成排的天竺桂，夏天长出嫩黄绿的新枝叶，很是好看。吕振万楼东侧绿地也有几棵天竺桂。

乌 柏

乌柏又名腊子树、柏子树、木子树、木蜡树、木油树、木梓树、虹树。

乌柏是大戟科乌柏属落叶乔木，树高可达 20 米，体内含乳汁。树皮暗灰色，纵裂浅。小枝纤细。单叶互生，纸质，菱状广卵形，先端尾状，基部广楔形，全缘。穗状花序顶生，花小，黄绿色。蒴果三棱状球形。花期 6—8 月。果熟期 10—11 月。

乌柏是我国南方重要的工业油料树种，经济价值极高。树皮、叶可入药，主治杀虫解毒、利尿通便。

宋代杨万里《秋》诗写到乌柏：
  乌柏生平老染工，
  错将铁皂作猩红。
  小枫一夜偷天酒，
  却倩孤松掩醉容。
陆游也有许多写乌柏的诗歌，如《秋思》：
  乌柏微丹菊渐开，
  天高风送雁声哀。
  诗情也似并刀快，
  剪得秋光入卷来。

乌柏树冠整齐，叶形秀丽，可作护堤树、庭荫树及行道树，观赏效果极好。

集大新校区人工湖边有高大的乌柏，教师教育学院东侧路边宫粉羊蹄甲旁也有。《集美周刊》文章介绍，乌柏为集美本地原生树种。

梧 桐

梧桐别名青桐、碧梧、青玉、庭梧、桐麻。原产中国。

梧桐即"中国梧桐",是梧桐科梧桐属落叶大乔木,高达20米;树干挺直,树皮灰绿色,平滑。单叶互生,心形,3～5掌状分裂,全缘。顶生圆锥花序,花小,黄绿色;萼片5深裂,裂片披针形,向外反卷曲,外面密生黄色星状毛。蓇葖4～5厘米,纸质,叶状,有毛;种子形如豌豆,2～4颗着生果瓣边缘,种子圆球形,有皱纹。花期6—7月,果熟期10—11月。

梧桐是我国有诗文记载最早的著名树种。《诗经》有"凤凰鸣矣,于彼高岗。梧桐生矣,于彼朝阳"之句,民间认为"梧桐一叶落,天下皆知秋"。梧桐雌雄同株,古代传说梧是雄树,桐是雌树,梧桐同长同老,同生同死。如《孔雀东南飞》:

东西植松柏,
左右种梧桐。
枝枝相覆盖,
叶叶相交通。

集大校园多处种植梧桐,航海学院克让楼前就有一棵高大的梧桐,叶大荫浓,洁净可爱。这棵梧桐应是中国梧桐,不是法国梧桐。世界著名的行道树法国梧桐(即"法桐"或"法梧"),既不是梧桐树,也非产自法国。法国梧桐叶片3～5掌状分裂,边缘有不规则尖齿和波状齿。而中国梧桐叶心形,3～5掌状分裂,全缘,没有不规则尖齿和波状齿。

五节芒

五节芒别名芒草、管芒、管草、寒芒、中国草。

五节芒是多年生常绿草本，雌雄同株，高可达4米。芒节有白粉。叶互生，叶缘含有制造玻璃原料的硅质，会割伤皮肤且非常痛。大型圆锥花序，长达30～50厘米，小穗成对着生，但穗柄不等长，成熟时全穗呈淡黄色。花序轴可以集结成扫帚。果穗可供花材。花期4—7月。

五节芒是乡村最常见的植物。山坡上、公路边、田野旁，到处都有五节芒随风摇曳。诗经称芒草为白华、菅，因为菅到处都有，"草菅人命"一词由此而来。诗经《白华》："白华菅兮，白茅束兮，之子之远，俾我独兮。英英白云，露彼菅茅，天步艰难，之子不犹。"

五节芒茎叶可作牧草，其新芽和嫩笋也可供人食用。小时候，放学之余，经常上山割芒草来喂牛。那时候村里家家户户都养牛种田，所以割芒草要到很远的山上。记得有一年大年三十，下着雨，还在山上割芒草，毕竟牛也要过年，牛是农家的命根子。小时候，还经常把五节芒的花序轴采摘回来，捆扎作成扫帚。有的人家，用五节芒搭盖屋顶。

据说五节芒不仅可以用来发电、造纸，还是生产燃料乙醇的原材料，有可能是未来替代石油的好材料。

集大校园里，人工湖边是植物的乐园，自然也少不了五节芒那婀娜多姿的身影。绿叶白花，邻水而居，五节芒身姿绰约，富有诗意。

西番莲

　　西番莲又名鸡蛋果、热情果、受难果、巴西果、百香果、藤桃。原产拉丁美洲、巴西。

　　西番莲为多年生常绿攀缘木质藤本植物。叶互生，宽6～8厘米，基部心形，掌状3或5深裂，裂片披针形，先端尖，锯齿缘。花大，淡绿色，直径6～10厘米。花期夏秋季。

　　西番莲果实为浆果，球形或卵形，形如鸡蛋，熟时橙黄色或黄色，果汁像蛋黄，所以又名鸡蛋果。西番莲是一种芳香水果，有"果汁之王"美誉。其果实风味独特浓郁，集香蕉、菠萝、荔枝、番石榴、芒果、酸梅、草莓、杨桃等上百种水果香味于一身，所以称百香果。

　　西番莲属有400余种，可食用的约有60种，我国原产13种。西番莲在欧洲是治疗失眠和焦虑不安的草药，印第安人认为西番莲是最好镇定剂。

　　集大新校区文学院南侧绿地葡萄花架边种有西番莲，虽然开花结果，但尚未成熟，果实总是被人摘走，一个不剩。所以在校园里，一般只能把西番莲作为观花植物看待，欣赏它那形态奇特、颜色变化丰富多彩的花朵。

　　轮机工程学院教工住宅边也种有西番莲，八月中秋前后，走近绿色的藤蔓，可以见到西番莲花果同枝的身影。

希茉莉

希茉莉又名长隔木、醉娇花、希美丽、四叶红花。

希茉莉为茜草科长隔木属多年生常绿灌木。植株高 2～3 米，分枝能力强，树冠广圆形；茎粗壮，红色至黑褐色。叶四枚轮生，长披针形，长 15～17 厘米，宽 5～6 厘米，纸质，叶面较粗糙，全缘；幼枝、幼叶及花梗被短柔毛，淡紫红色。聚伞状圆锥花序，顶生，管状花长 2.5 厘米，橘红色。正常花期为 5—10 月，温度适宜可全年开花。全株具白色乳汁。

希茉莉树冠优美，花叶具佳，观赏价值高，近年来广泛用于南方园林绿化。

集大新校区多处种植有希茉莉，庄汉水楼东侧墙边就有。老校区轮机学院西大门的门内两侧绿地、财经学院黄楼北侧等处，希茉莉长势都极好。

轮机学院西大门的门内两侧绿地上的希茉莉，与软枝黄蝉、九里香、扶桑、黄心梅、变叶木、马樱丹、迎春花等各色植物，组成颜色变化丰富、视觉效果极好的彩化绿化带，热闹纷呈，把校园打扮得十分漂亮。

香椿

香椿又名山椿、虎目树、虎眼、大眼桐、香椿铃、香铃子、香椿子、香椿芽。原产中国。

香椿为楝科香椿属落叶乔木，可高达 10 多米。树皮粗糙，深褐色，片状脱落。叶互生，雌雄异株，偶数羽状复叶。幼叶紫红色，成年叶绿色，叶背红棕色，轻披蜡质，略有涩味，叶柄红色。圆锥花序，两性花白色，有香味。蒴果，椭圆形。花期 6—8 月，10—12 月果实成熟。

香椿树的嫩芽可食用，称为"树上蔬菜"。中国人在汉朝就有食用香椿的习惯，民间有"门前一树椿，春菜不担心"之说。椿芽不仅营养丰富，且具有较高的药用价值，主治外感风寒、风湿痹痛、胃痛、痢疾。还有补虚壮阳固精、补肾养发生发、消炎止血止痛、行气理血健胃等保健作用。

有首赞美香椿树的《香椿》诗云：

> 嫩芽味美郁椿香，
> 不比桑椹逊几芳，
> 可笑当年刘秀帝，
> 却将臭树赐为王。

集大轮机工程学院教工住宅边有几棵香椿树，那婷婷玉立的身姿，紫红色的嫩芽，娇美可爱。

但在校园里，还是把香椿当风景树吧。

香 蕉

香蕉又名甘蕉、龙溪蕉、天宝蕉、芎蕉。在漳州，也称之为牙蕉。

香蕉为芭蕉科芭蕉属大型多年生草本植物，具直立茎。植株丛生，一般高达 4～5 米。叶片长圆形，长达 2 米，宽 70 厘米，先端钝圆，基部近圆形，两侧对称，叶面深绿色。穗状花序大，由假杆顶端抽出，花多数，淡黄色。果序弯垂，由 7～8 段至数十段的果束组成。结果约 50～150 个，最多可达 360 个。花果期全年。

香蕉原产亚洲东南部热带、亚热带地区，是重要的热带水果。我国栽培香蕉的历史悠久。

香蕉属高热量水果，淀粉质丰富，营养价值高。果实长而弯，成熟时外表金黄，果肉甜滑，香味浓郁，为人们所喜爱。西方把香蕉称为"智慧之果"，传说佛祖释迦牟尼是因为吃了香蕉而获得智慧。

林语堂的故乡平和坂仔镇盛产香蕉，被誉为"中国香蕉之乡"。

集大轮机工程学院北侧绿地上有香蕉可供欣赏，其教工住宅区也有几棵。水产学院综合办公楼西南侧、教师教育学院校区北侧也都有香蕉。

这些香蕉不仅富有南国田园风情，而且都能结果实。

香 蒲

香蒲又名东方香蒲、水烛、蒲草、猫尾草。

香蒲为多年生宿根性挺水型植物。根状茎乳白色。地上茎粗壮，向上渐细，高可达 2 米。叶片条形，长 40～70 厘米，光滑无毛，上部扁平，下部腹面微凹，背面逐渐隆起呈凸形；叶鞘抱茎。雌雄花序紧密连接；雄花序长 2.7～9.2 厘米，花序轴具白色弯曲柔毛；雌花序长 4.5～15.2 厘米，基部具 1 枚叶状苞片，花后脱落。小坚果椭圆形至长椭圆形；果皮具长形褐色斑点。种子褐色，微弯。花果期 5—8 月。

香蒲叶片挺拔，花序粗壮，叶绿穗奇，常用于点缀园林水池，作花卉观赏。叶片可用于编织、造纸等；幼叶基部和根状茎先端可作蔬菜；雌花序可作枕芯和坐垫的填充物；花粉可入药。香蒲花序可剪下来，插在花瓶里观赏。但花絮裂开以后会变得毛蓬蓬一团，然后到处飘落白色絮团，毛茸茸的看起来让人害怕。

集大人工湖边有许多香蒲，木栈道旁边尤多。香蒲最令人称奇的还是其穗状花序，呈蜡烛状，故称水烛。第一次看到，会觉得它的花序很像烤熟的香肠。

相思树

相思树又名台湾相思树、相思子、相思柳。原产台湾。

相思树为含羞草科金合欢属常绿乔木。高达 16 米，树干灰色有横纹。枝叶细致紧密。幼株 2 回羽状复叶，成树小叶退化，由针形叶柄变成镰刀状假叶。头状花序腋生，球形，金黄色，微香。荚果扁平，长 4~12 厘米，具光泽。种子椭圆形，褐色。花期 3—7 月。果期 7—10 月。

相思树为阳性植物，喜光，生长快，适应性强，耐热、耐旱、耐瘠、耐酸、耐剪、抗风、抗污染。常分布于低海拔的丘陵野外。

相思树开花时，满树花朵，金黄橙亮，十分美观，常种植在路旁。相思树木质坚硬，是最好的沿海防风林。木材供制家具及箱板用材。树皮含单宁。花含芳香油，可作调香原料。

远看相思树与红千层略有相似，近看即可分辨。相思树叶较长，可见 3 条明显叶脉；枝叶向上生长。红千层叶片较短，枝叶下垂。开花时，相思树为金黄色球形花朵，红千层花朵则是红色如瓶刷子状。

集大人工湖边有几处相思树。据第 275 期《集美周刊》文章记载，集美农林学校森林系曾销售侧柏、相思等苗木给当地周边单位，用于绿化。《集美周刊》还记载当时学校总务处冒雨种植相思树等树木。

小蚌兰

小蚌兰为鸭跖草科多年生草本植物,原产热带中美洲。

小蚌兰成株较小,叶小而密生,剑形,硬挺质脆,叶面绿色,叶背淡紫红色,叶簇密集。以观叶为主,属于观叶植物。

小蚌兰属中性植物,全日照、半日照均理想。日照充足时,繁殖很快,叶色较美观。盆栽可用于阳台、窗台等处观赏,也很适合作为庭院美化植物。

集大新校区种有许多小蚌兰,主要用于校园西侧道路等行道树的树穴美化。

小驳骨

小驳骨又名接骨木、接骨筒、乌骨黄藤、小接骨、驳骨草、驳骨丹、裹篱樵。

小驳骨为爵床科驳骨草属常绿小灌木,高约1米;茎直立,茎节膨大,青褐色或紫绿色。枝条对生,无毛。单叶对生,叶面光滑,叶片披针形。先端尖,基部狭,边缘全缘,两面均无毛。叶柄短。春季茎梢开白色唇形花,排列成穗状花序,花白色带淡紫色斑点。夏季结果,果实棒状。

小驳骨可以治疗多种疾病,用于治疗跌打损伤诸症,疗效尤佳。因续筋接骨能力特强,故有"小驳骨丹"之称。小驳骨习性强健,适合种在庭院墙边、路边修剪为绿篱。

集大新校区万人餐厅门口有几处成片种植的小驳骨。小驳骨株型整齐,其与周边植物相比,显得更加绿叶清新,很是让人愉悦。

看着这些小驳骨,感觉有点像是能够炒来吃的什么蔬菜。

小 蜡

小蜡又名山紫甲树、山指甲。原产我国。

小蜡为半常绿灌木，树高可达 6～7 米。叶薄革质，椭圆形至椭圆状矩圆形，长 3～7 厘米，顶端锐尖或钝，基部圆形或宽楔形。圆锥花序，长 4～10 厘米，有短柔毛；花白色，花梗明显。其核果近圆状。

财经学院尚忠楼西北侧有一棵异常漂亮的小蜡，满树枝条，伞状披散下垂，上面覆盖着雪白色的花朵，远看就像大雪落满枝头，又像瀑布洁白之水滚滚而下，气势磅礴，异常壮观。春末季节，暖暖的阳光下，大片的雪白繁花，耀眼亮丽。

拍照发现尚忠楼顶部有"女子师范"字样，才知道曾经住过的宿舍最初是集美学校女子师范的校舍。

科学馆西侧的旧图书馆围墙外，也伸出几枝开着白花的小蜡树。航海学院花圃边斜坡地有更多。新校区自来水渠旁边的小蜡树则十分高大。恰逢开花季节，同样的满树雪白花海，蜜蜂嗡嗡其上。体育学院办公楼南侧有植成绿篱的小蜡树。由此可见，小蜡是集大寻常花木。

小蜡树果实可酿酒，种子可制肥皂，茎皮纤维可制人造棉。叶可药用，可抑菌抗菌、去腐生肌。

小蜡树有多个变种，常植于庭园观赏，也常作树桩盆景，江南常作绿篱。

小叶杜英

小叶杜英是杜英科高大常绿乔木。树高可达15米。枝常为红褐色。单叶互生，倒卵状椭圆形或倒卵状披针形。6~8月开花。翌年10—11月果熟，核果长椭圆形，形似橄榄。

小叶杜英树冠圆整，形态优美，四季苍翠，枝叶茂密，常年有红叶观赏，为珍贵观赏树种，适于作行道树、庭荫树。对二氧化硫抗性强，可选作工矿区绿化和防护林带树种。

集大科学馆四周、体院体育综合教学实验楼西侧均有小叶杜英；新校区尚大楼两侧及陈延奎图书馆前也都可见其身影。尚大楼两侧小叶杜英是俗称红杜英的品种。

小叶榄仁

小叶榄仁又名细叶榄仁、非洲榄仁、雨伞树。

小叶榄仁树干浑圆挺直，株高可达 15 米。枝丫自然分层轮生于主干四周，层层分明有序，向四周水平开展。在厦门地区，冬天一般很少看到光秃秃的落叶树木，小叶榄仁是例外，在冬季落叶，落叶后的枝桠光秃柔美，在冬日的阳光下显出如画美感，实在是大自然的杰作。

小叶榄仁枝干挺拔，是非常漂亮的庭园树、行道树，常五六株成群落状种植在绿化带上。

漳州一些苗圃大规模种植培育小叶榄仁树苗。台湾海滨有大叶榄仁树，果实椭圆型，很像橄榄。

集大旧校区教师教育学院办公楼西侧有数棵小叶榄仁，新校区教学楼、学生公寓外也普遍种植，陈延奎图书馆西侧道路边就有丛植，陆大楼后、西苑餐厅西面草地上则是成排种植。

陆大楼共 5 层，建筑面积 9783 平方米，是计算机学院办公及实验楼，由集美校友李陆大捐建。李陆大曾在集美财经学校任教。

小叶榕

小叶榕又名细叶榕、垂叶榕。

小叶榕是桑科榕属常绿乔木，树冠伞形或圆形，高达20～30米，胸径可达2米，枝具下垂状气生根。叶椭圆至倒卵形，长1～4厘米，先端顿尖，基部楔形，全缘或浅波状，羽状脉，侧脉5～6对，革质，无毛。隐花果腋生，近扁球形，熟时淡红色。花期5—12月。

人们通常所说的榕树就是小叶榕，福州榕城的榕指的也是小叶榕。小叶榕常被修剪成圆柱状。

集大航海学院即温楼后就有圆柱状小叶榕，新校区南门进来两侧路边也排列着圆形小叶榕绿柱，颇为壮观。

嘉庚图书馆四周布满圆型小叶榕圆柱，绿意盎然；图书馆东边道路靠近体院操场的墙边有一整排修剪整齐的小叶榕绿篱，形成极好看的绿色树阵。

小叶紫薇

小叶紫薇又名百日红、痒痒树、惊儿树。

小叶紫薇是千屈菜科紫薇属落叶乔木,高可达 10 米,一些古树的树身大可合抱。树皮呈长薄片状,常剥落,显出平滑细腻的树干。小枝略呈四棱形,常有狭翅。单叶对生或近对生,椭圆形至倒卵形。圆锥花序,花呈紫、白、红等色。蒴果近球形。花期 6—9 月。

小叶紫薇树姿优美,花色艳丽,花期特长,是绿化美化环境和家庭养花的优良花卉,深受人们喜爱。从漳州到龙岩的高速公路两侧种植了许多小叶紫薇,让人感觉十分愉悦。

小叶紫薇与大花紫薇不同,枝条较小,花和叶子也都较小。也许正是因为花叶细小,身姿秀丽,常被用于盆栽。小叶紫薇又称为痒痒树,据说挠其树干,树会抖动。不知道是不是可以感觉到"花枝乱颤"?

集大航海学院海通楼南侧、轮机学院操场南侧、新校区人工湖边、庄汉水楼前等处种有小叶紫薇。夏日开花,绿叶之上细碎花朵,清新秀丽。海通楼南侧的小叶紫薇,或许因为长在菩提树荫下,花期比其他地方的都要长久。

财经学院敦书楼前有一棵紫薇,株型古雅,树龄较长。新校区庄汉水楼前有几株紫薇,其中有一株开白色花朵。

庄汉水楼共 5 层,建筑面积 9775 平方米,是外国语学院办公及教学大楼,由集大常务校董庄汉水捐建,他还曾经捐建教师教育学院新师楼。

萱 草

萱草又名金针、黄花菜、忘忧草、宜男草、疗愁、鹿箭等。

萱草是萱草科萱草属多年生宿根草本。具短根状茎和粗壮的纺锤形肉质根。叶基生，宽线形，对排成两列，长可达50厘米以上，背面有龙骨突起，嫩绿色。花葶细长坚挺，高约60～100厘米，花6～10朵，花形喇叭状，呈顶生聚伞花序。颜色以橘黄色为主，有时可见紫红色，内部颜色较深，直径10厘米左右，花被裂片长圆形，下部合成花被筒，上部开展而反卷，边缘波状。蒴果，背裂，种子黑色。花期5—9月。

萱草不等于黄花菜。萱草属植物黄花菜的花蕾干制后可作蔬菜，称金针菜、黄花菜，但除黄花菜外的萱草属植物多半不能食用。黄花菜花朵比较瘦长，花瓣较窄，花色嫩黄。观赏用萱草的花则形近漏斗状百合花，花色一般呈橘黄色，有的甚至接近红色。新鲜黄花菜含有少量秋水仙碱，应先晒成干品，经过高温烹炒，才可食用。

康乃馨为母爱的象征，萱草花则是中国的母亲之花，萱草另一称号忘忧，即忘忧草，《博物志》记载："萱草，食之令人好欢乐，忘忧思，故曰忘忧草。"

历代诗人经常吟咏萱草，《诗经疏》称："北堂幽暗，可以种萱。"王冕《偶书》："今朝风日好，堂前萱草花。持杯为母寿，所喜无喧哗。"宋朝苏东坡《萱草》："萱草虽微花，孤秀能自拔。亭亭乱叶中，一一芳心插。"唐朝孟郊《游子诗》："萱草生堂阶，游子行天涯。慈母倚堂门，不见萱草花。"

萱草花大而美，是极重要的庭院观花植物。集大在航海学院花圃园边有几丛萱草，绿叶成丛，花色鲜艳，极为美观。校园可多种植。

悬铃花

悬铃花又名南美朱槿、灯笼扶桑、大红袍、卷瓣朱槿。

悬铃花为锦葵科悬铃花属常绿小灌木。高可达1.5米。单叶互生，卵形或卵状矩圆形，叶形变化较多，叶面具星状毛。花通常单生于上部叶腋处，下垂，花冠呈漏斗形，长5～6厘米，五枚花瓣略左旋作卷筒状、不展开，红色。9—12月为盛花期。

悬铃花整年开花，橘红色的花朵有甜甜的花蜜。最具特色的是，其花瓣不打开，只有雄蕊和雌蕊伸出花瓣外，全花有如少女含羞紧裹红袍，所以又叫大红袍或卷瓣朱槿。花姿奇特，鲜红的花瓣螺旋卷，雌雄蕊细长突出花瓣外，看似含苞，有人称其为"永不开放的花"。

悬铃花的花朵向下悬垂，形似风铃，美丽可爱，适合于庭园、绿地、行道树的配植，也可以列植为

花境、花篱或自然式种植，还可剪扎造型和盆栽来观赏。

集大材塗膳厅周边、学生公寓弘毅楼边种植有悬铃花，十月中旬，这些地方的悬铃花大量盛开，但见满目红艳，热烈异常，震撼人心。财经学院文渊楼边有一株悬铃花，极是美观。

羊蹄甲

羊蹄甲又名老白花、洋紫荆、猪迹羊蹄甲。原产印度及马来西亚。

羊蹄甲是豆科羊蹄甲属常绿乔木，高7～10米；树皮厚，近光滑，灰色至暗褐色。叶硬纸质，近圆形，基部浅心形，先端分裂达叶长的1/3～1/2。总状花序侧生或顶生，少花，长6～12厘米，有时2～4个生于枝顶而成复总状花序。花瓣桃红色，倒披针形，长4～5厘米，具脉纹和较长的瓣柄。荚果带状，扁平。种子近圆形，扁平，种皮深褐色。花期9—11月；果期2—3月。

羊蹄甲与香港市花洋紫荆很相近，容易混淆。大概区别是：羊蹄甲花淡红色，具能育雄蕊3枚，花瓣较狭窄，具长柄，总状花序极短缩，花后能结荚果；而洋紫荆，也就是红花羊蹄甲的花为紫红色，有能育雄蕊5枚，花瓣较阔，具短柄，总状花序开展，有时复合为圆锥花序，通常花后不结荚果。

羊蹄甲和洋紫荆、宫粉紫荆都是我国南方常见栽培的观赏植物，常为行道树。

集大多数校区有羊蹄甲，海外教育学院西侧、航海学院海通楼与海星楼之间都有。新校区学生公寓楼旁边也大量种植。靠近美岭楼的人工湖边也有许多羊蹄甲，供师生与游人欣赏。

杨 梅

杨梅又称圣生梅、白蒂梅、树梅、龙睛、朱红，原产中国。

杨梅是杨梅科常绿乔木，高可达15米以上。叶倒披针形，花雌雄异株。花期3—4月，果期6—7月。

杨梅枝繁叶茂、树冠圆整，初夏果实成熟时红果累累，烂漫可爱，是优良的观果树种。因其形似水杨子、味道似梅子，因而取名杨梅。

杨梅果实色泽鲜艳，汁液多，甜酸适口，是我国的特产水果，具有很高的药用和食用价值。杨梅有生津止渴、健脾开胃之功效，多食不仅不伤脾胃，且能解毒祛寒。《本草纲目》记载："杨梅可止渴、和五脏、能涤肠胃、除烦愦恶气。" 除鲜食外，杨梅还可加工成糖水罐头、果酱、蜜饯、果汁、果干、果酒等。浙江东魁杨梅因果特大著称，果形大如乒乓球，单果重20～25克，最大的达到50克。

杨梅最有名的典故是"望梅止渴"。传说曹操带兵出征途中找不到有水的地方，士兵们都很口渴，于是曹操叫手下传话给士兵们说："前面就有一大片梅林，结了许多梅子，又甜又酸，可以解渴。"士兵们听后，由于条件反射，嘴里都流口水，这才坚持到达前方有水源的地方。人们用"望梅止渴"比喻愿望无法实现，便用空想来自我安慰。

集大新校区西侧绿地有几处杨梅，树龄尚短，还不足以生产果实。

诚毅学院影剧院北侧等处也种植杨梅。

杨 桃

杨桃又名三廉、五敛子、五棱子、羊桃、酸五棱、三棱子、木踏子、风鼓、鬼桃、酸桃、蜜桃杨、梅桃。因横切面如五角星，故又称"星梨"。

杨桃是常绿小乔木，高可达 12 米。羽状复叶互生，小叶 5～9，卵形至椭圆形，先端尖，基部偏斜，全缘。腋生圆锥花序，花小，两性，白色或淡紫色，雄蕊 5 长 5 短。浆果卵形至长椭球形，长 5～8 厘米，光滑，具 3～5 翅状棱，绿色或黄绿色。花期 7—9 月，果期 8—10 月。

杨桃果实外观五菱型，未熟时绿色或淡绿色，熟时黄绿色至鲜黄色。皮薄如膜、纤维少、果脆汁多、甜酸可口、芳香清甜。鲁迅十分赞赏杨桃，称它样子奇特，入口滑而腻，酸而甜，似乎是"火星上来的果子"。

集大有较大的杨桃树，藏身在航海学院允恭楼前东南角，果实累累。允恭楼（即白楼）建于 1923 年，是当时扩大办学规模时所建。自 1929 年开始，成为集美水产航海学校的主校舍。《集美学校嘉庚建筑》一书中有张 1980 年拍摄的允恭楼照片，楼前东南角确有一棵小树，应是初种不久的杨桃。

如此看来，现在这棵杨桃该有 30 多年树龄。只是这棵杨桃虽然果实不少，但是很少人摘吃，据说有人吃过觉得味道一般，可能是未经过驯化的野生品种，只能当风景树。这棵杨桃密集的枝叶间，藏着许多橙黄色果实，但淡紫色的花朵更多，开满树梢，非常可爱。

新校区建设时，在南门东侧绿地种植了三棵杨桃老树。9 月份可见挂果累累，吃过几个，感觉酸甜清脆。2012 年，又在新校区南片草地种植了 10 多株杨桃。诚毅学院也有种植杨桃。

洋紫荆

洋紫荆又名香港兰、红花羊蹄甲、红花紫荆、紫荆花、艳紫荆、紫花羊蹄甲、羊蹄甲。

洋紫荆为苏木科羊蹄甲属常绿乔木。高可达10米，树皮暗褐色，近光滑。单叶互生，叶片阔心形，先端2裂深约为全叶的1/3左右。叶较羊蹄甲的大，上端叶缘较尖。总状花序顶生或腋生，花瓣5片，均匀轮生排列，具瓣柄，较宽，紫红色或淡红色，略带芳香。上花瓣（旗瓣）有深紫色的脉纹，其余四瓣脉纹较浅白色。有雄蕊5枚。花期10—3月。通常不结果。

洋紫荆于1880年在香港被首次野外发现，并于2004年确认是羊蹄甲和宫粉羊蹄甲杂交而成的混种。由于不能自行繁殖，现在香港所有的洋紫荆都是该棵洋紫荆的复制品。中国大陆为了区别原有的观赏花卉"紫荆"，又因其属羊蹄甲属，叫它红花羊蹄甲。台湾则为其花大色艳，称为艳紫荆。英文名"Hong Kong Orchid Tree"直接翻译为香港樱花。《香港基本法》中称其为"紫荆花"，政治避讳，刻意略去"洋"字。

通常称香港市花为"紫荆花"，常与北方的紫荆花混淆。一般意义上的"紫荆花"，叶卵圆形不开裂，是传统的北方紫荆，为豆科紫荆属植物。清华大学的校花就是北方的紫荆花。洋紫荆则为羊蹄甲属，叶片顶端裂为两半。两者属于不同种类，外形也无相似之处。

洋紫荆是香港市花，台湾国立中正大学及国立台湾科技大学都把洋紫荆作为校花。

洋紫荆树冠雅致，终年常绿繁茂，花大艳丽，十分美观。因其花期长、花朵大、花形美、花色鲜、花香浓，极适合做行道树、庭荫树。

集大体育学院操场南侧有洋紫荆；新校区学生公寓楼外亦多处种植，冬日可在此欣赏洋紫荆花海。诚毅学院校区更是多处种植洋紫荆、羊蹄甲等植物。集美龙舟池边的洋紫荆开花极烂漫。

夜 合

财经学院办公楼有三株终年枝叶碧绿的小乔木。问了许多人，都不知道是什么树。航海学院路边的莲雾树下也发现几棵，其叶子和莲雾的相似，比较小。

5月底，见到财经学院这几棵树开花了，拍了许多花的照片。这花儿真是漂亮，圆球形，直径4厘米左右，花朵也很像放大了的含笑花。里面的花片圆润洁白，外面3片却是绿色的。每朵花心都侧垂向地，好像害羞的少女低着头，不肯抬起头来多看人一眼，却方便从下面昂头给她拍照。

这花的大名就是夜合，别名夜香木兰、夜合花。名字可能源于球形的花朵昼开夜闭，幽香清雅。花有浓香，夜间更浓郁，是著名的香花植物。花可提取香精，亦有掺入茶叶内作熏香剂。根皮入药，能散瘀除湿，治风湿跌打。

夜合原产我国南部及越南。唐代就有诗人元稹的咏花作品《夜合》：

绮树满朝阳，
融融有露光。
雨多疑濯锦，
风散似分妆。
叶密烟蒙火，
枝低绣拂墙。
更怜当署见，
留咏日偏长。

清代纳兰性德有《夜合花》诗云：

阶前双夜合，枝叶敷花荣。
疏密共晴雨，卷舒因晦明。
影随筠箔乱，香杂水沉生。
对此能销忿，旋移迎小楹。

早期集美农林学校的老师在《集美周刊》文章中提及，夜合为常绿乔木，原产本地。

伊拉克蜜枣

伊拉克蜜枣又名椰枣、海枣。

伊拉克蜜枣为棕榈科刺葵属常绿大乔木。树干可高达30米。羽状复叶，叶长可达1.5米以上，互生于茎顶部。小叶片有粗壮龙骨，顶端较尖。雌雄异株，花序外有肥壮佛焰苞，雄花成圆锥花序，雌花成穗状花序，腋生。浆果长椭圆形，似枣子。

伊拉克蜜枣原产西亚和北非，唐代传入中国。可食用，可观赏。果肉味甜，营养丰富，既可作粮食和果品，又是制糖、酿酒的原料。干果含糖分达60%～70%，蛋白质、脂肪含量均在2%以上，可鲜食，可制蜜饯。很久以来一直是地中海、红海沙漠地带的主要食品。

集大新校区种有伊拉克蜜枣，陆大楼东侧绿地的路边就有几棵。伊拉克蜜枣树冠美丽，成熟果实橙黄可爱，是很漂亮的行道树。

银海枣

银海枣又名中东海枣、野海枣、林刺葵。原产印度、缅甸。

银海枣是棕榈科热带亚热带植物，株高10～16米，树干粗壮，胸径30～33厘米，茎具宿存的叶柄基部。叶长3～5米，羽状全裂，灰绿色。叶轴无毛，羽片剑形，下部羽片成针刺状。叶柄较短，叶鞘具纤维。干上残余叶柄伏贴干上。叶柄基部的棕蓑较少。花期4—5月。

银海枣树干高大挺拔，株形婆娑优美，其大型羽状叶片，叶色银灰，向四方开张，形态如苏铁，应用于公园、草坪、道路、庭院、水边等，观赏效果极佳，为优美的热带风景树。

集大的银海枣，主要分布在新校区绿地上以及学生公寓楼边。银海枣羽片成针刺状，垃圾附其上

则极不方便清理。因此，靠近学生公寓楼的银海枣须多加爱护，不要往树上扔废纸等杂物，以免影响美观。

银合欢

银合欢别名白合欢。原产中美洲。

银合欢是含羞草科银合欢属小乔木或灌木,高达 10 米。胸径达 20 厘米,枝冠宽展,分枝多。2回羽状复叶,叶轴被柔毛,托叶小,三角形;羽片4～8 对,长 5～16 厘米。小叶通常 5～15 对。头状花序常 1～2 腋生,直径 2～3 厘米;总花梗长 2～4厘米;花白色,花瓣狭倒披针形。荚果带状,长 10～18 厘米。花期 5—8 月,果期 8—11 月。

带刺的银合欢,又称勒篱树、绿篱笆。银合欢树萌发力极强,可更新砍伐再生,比原来更加严密厚重,因此有"绿篱之王"美称。

集大人工湖边的水渠是白鹭的天堂,也是银合欢的世界。不知什么时候开始,水渠两岸都是银合欢树。盛夏时,白色的银合欢花开,水渠两岸成为茫茫白色世界,如同下雪,白絮飘飞。

夏季时,成百上千的白鹭,还有其他鸟类,出入于满树白花的银合欢树林,或者纷飞其上,或在枝头停歇,或在花间引颈歌唱,或掠过水边,热闹非凡而又野趣无限。

集大文学院院长苏涵教授有文章《我所心仪的校园》,其中写道:"最让人心动的是湖边树林上的那片白鹭。那片白鹭栖息的树林子,在新校区扩建

的时候,不仅被完好地保存下来,而且招来了比往年更多的白鹭。在画框里,可以看到有的白鹭正在

枝头悄然地休息，有的正从空中飘然地降落，有的正展开双翼，后缩双腿，从树间翩然地飞起。它们使这幅画有了充满生命灵气的动感，有了一般大学校园没有的自然意趣。"

陈经华教授也在《百年往事》一书中谈到："新校区的建筑，古朴典雅，巍峨壮观，完美地呈现出嘉庚建筑的风采。场馆楼间，林木葱郁，绿草如茵，繁花似锦；人工湖上，波光潋滟，白鹭鸣空，喷泉冲天。"

夏日午后，站在水渠南岸路边，低处看是开满黄花的遍地黄金花生草，近处有三角梅花盛开，五节芒在水岸绿意盎然；然后就是碧水汪汪，水岸雪白的银合欢世界，白鹭的天堂；远处则有碧绿高大的南洋楹、红花满树的凤凰木；更远则有集诚楼、嘉庚图书馆、尚大楼等自东而西屹立，背景为蓝天白云。

这一切，加上几只飞翔的白鹭，倒影在安静的水渠碧水中。这景致，真是美丽之极。心里常想，集大之美，以此为最啊。

银 桦

银桦又名澳洲银桦、红花银桦。原产澳大利亚东部。

银桦是山龙眼科银桦属常绿大乔木，树干笔直，高可达 40 米以上。单叶互生，2 回羽状深裂。总状花序，橙、白、红等色。花期 5 月；果实 7—8 月成熟。

银桦树干通直，高大伟岸，树形美观，开花季节，满树橙黄色的花朵，美丽奇特，为重要的风景树和行道树。银桦树皮银灰色并有美丽的裂纹，幼枝条有褐色的细毛。叶片背面和新芽都有美丽的银白色丝状细毛，银桦由此得名。

银桦的树皮比较特殊，除能防寒防暑、防止病虫害，还能运送养料，有些树木中间已经空心，可仍生机勃勃，就是因为边缘的韧皮部存在。银桦对烟尘及有毒气体的抗性较强。

集大老校区种有银桦，主要分布于财经学院尚忠楼前广场南侧，航海学院海达楼周边等处。科学馆后、体育学院办公楼前、机械与能源工程学院福东楼前都有高大的银桦。

银 杏

银杏又名白果、公孙树、鸭掌树、蒲扇、佛指甲、灵眼。

银杏是现存种子植物中最古老的孑遗植物，最早出现于3.45亿年前的石炭纪。至50万年前地球经历了第四纪冰川，突然变冷，绝大多数银杏类植物濒于绝种，只有在中国，银杏才奇迹般保存下来。因此被称为"活化石"、"植物界的熊猫"。和它同纲的其他植物皆已灭绝。变种及品种有黄叶银杏、塔状银杏、裂银杏、垂枝银杏、斑叶银杏等26种。

银杏为银杏科银杏属落叶乔木，高可达40米以上。幼树树皮近平滑，浅灰色；大树树皮灰褐色，不规则纵裂。银杏的特点在于叶子，其叶互生，在长枝上辐射状散生，在短枝上3～5枚簇生，有细长的叶柄，叶片扇形或倒三角形，两面淡绿色，在宽阔的顶缘多少具缺刻或2裂，宽5～15厘米，具多数叉状并列细脉。球花，生于短枝叶腋。种子核果状，椭圆形，成熟时橙黄，被白粉。花期3～4月，种子9～10月成熟。

银杏生长较慢，自然条件下，从栽种到结果要20多年，40年后才能大量结果，因此别名公孙树，寓意"公种而孙得食"。银杏寿命长，据统计，中国在5000年以上的大约有12棵。贵州福泉有棵世界上最大的银杏树，树龄五六千年，根径有5.8米，树高50米，胸径4.79米，要13个人才能围抱，该树于2001年载入上海吉尼斯记录。

银杏树高大挺拔，树干通直，姿态优美，春夏一片葱绿，深秋金黄，被列为中国四大长寿观赏树种，是庭院、行道及园林绿化的重要树种。

集大只在新校区有银杏，主要在新校区南侧绿地。其奇特而古雅的叶形，常引人上前细看。那几棵银杏，虽属小树而树干较小，但很高，枝桠多，是鸟儿的天堂，随时可见小鸟在上面停留。老校区似乎没有银杏。

印度橡皮树

印度橡皮树又名印度榕、印度橡胶树、缅树。原产于印度、缅甸和斯里兰卡。

印度橡皮树为常绿乔木，树冠卵形，高可达30米以上，树皮平滑，枝、干上有多数气根，下垂。叶互生，表面亮绿色，宽大，具长柄，厚革质，椭圆形，全缘。新芽包在淡红色的托叶中，颇为美丽。夏日由枝梢叶腋开花。果长椭圆形，无果柄，熟黄色。其观赏变种有：黄边橡皮树，叶片有金黄色边缘；白叶黄边橡皮树，叶乳白色，而边缘为黄色，叶面有黄白色斑纹。

印度橡皮树叶大光亮，四季葱绿，为常见的观叶树种，也是著名的盆栽观叶植物。

集大航海学院海通楼外、新校区人工湖边都有高大的印度橡皮树。集美最大的印度橡皮树，估计是在嘉庚路边，集大8号学生公寓楼北侧那一棵，虽经修剪，仍然十分高大，独木成林般壮观。

印度紫檀

印度紫檀又名榈木、花榈木、蔷薇木、羽叶檀、青龙木、黄柏木、赤血树。原产热带亚洲。

印度紫檀是蝶形花科紫檀属落叶大乔木，高 25 米，树皮黑褐色，树干通直，枝条下垂。叶互生，奇数羽状复叶，下垂；小叶互生，7～12 枚，卵形，先端锐尖，基部钝形，革质，全缘，托叶线形，早落。花金黄色，蝶形，腋生总状花序或圆锥花序，有香味。荚果扁圆形。

印度紫檀为产于热带亚洲的一种花梨木，气干密度小，木材不够坚硬，并非明清家具一般所用紫檀木。真正的紫檀木，木质坚硬，气干密度高。

印度紫檀树性强健，成长快速，绿荫遮天。在漳州，许多道路使用印度紫檀为行道树，闽南师范大学校园里也有成排的印度紫檀作为行道树，很是壮观。

集大在新校区人工湖东西两岸多处种植有印度紫檀，如在美岭楼东侧就有三棵，其枝叶柔顺伸展，颇为美观。

美岭楼五层，建筑面积 10550 平方米，由中央候补委员苏新添的美岭集团捐建。

鹰爪花

鹰爪花又名鹰爪、五爪兰、鹰爪兰、莺爪、鸡爪兰、鹰爪桃。原产印度、菲律宾及中国南部。

鹰爪花是番荔枝科鹰爪花属常绿攀援灌木,高约4米,常借钩状的总花梗攀援于它物上。叶互生,纸质,长圆形或阔披针形。花1~2朵,生于木质钩状的总花梗上,淡绿色或淡黄色,芳香。果实卵圆状,可多达十数个聚生于果托上。花期6—8月,果期5—12月。

鹰爪花枝叶四季青翠,为优良的荫棚绿化植物。开花极香,具有甜味,鲜花含芳香油,可提制鹰爪花浸膏,用于高级香水化装品和皂用的香精原料,也供熏茶用。被称为香水树。根可药用,治疟疾。

鹰爪花为闽南特有原生花卉之一,厦门岛内至今有"鹰爪花脚"路名。宋代漳浦知县王侃有诗吟诵鹰爪花:"宿蔓盘根悉剪夷,只留庭下雪霜枝。史君第一憎贪攫,岂是苍鹰露爪时。"林语堂的小说《赖柏英》也提到:"两年前,他从马来亚大学毕业,回了故乡一趟,从此柏英就从家乡寄给他——春天里是攀缘蔷薇;夏天是含笑或鹰爪花,一种芬郁、浅蓝的小朵兰,香气飘逸,很是清幽别致……"

集大应该只有体院一处鹰爪花,颇为珍贵。鹰爪花的果实很像橄榄,大概十个左右群聚于果托上,形状奇特,特别让人难忘。

硬枝老鸦嘴

硬枝老鸦嘴别名蓝吊钟、立鹤花、直立山牵牛。

硬枝老鸦嘴是爵床科老鸦嘴属植物。株高2~3米，分枝多，枝条较柔软。幼茎四棱形，绿色至深褐色。叶对生，卵形至椭圆状，先端渐尖，纸质，腹面深绿色，背面灰绿色，全缘。花单生于叶腋，苞片绿色，长1~1.3厘米，萼极短隐藏于苞片内，花冠斜喇叭形，5裂，花冠管长约5厘米，弯曲，直径3~4厘米，蓝紫色，喉管部为杏黄色。蒴果圆锥形。花期1—3月及8—11月。

硬枝老鸦嘴性喜高温，抗性强、病虫害少、管理粗放、分枝多而繁茂，且耐修剪，花期长，花形奇特，花色为较少见的蓝紫色，是很美丽的热带花木，适合作盆栽观花植物，或作花篱和植物造型。

集大在中山纪念馆南面两侧有修剪成球型的硬枝老鸦嘴，一年开花两季，每次见到，都觉得好像是美丽的牵牛花长在小树枝上。

油 梨

集大体育学院树木葱茏,是学校的"果树王国",从芒果、木菠萝、枇杷、龙眼、人心果、番木瓜,到本文要介绍的油梨,都是果树。

油梨为樟科鳄梨属常绿乔木,一般高 10 米。树冠广阔。叶互生,革质,长椭圆形、卵形或倒卵形,先端急尖,基部楔形至近圆形,上面绿色,下面稍苍白色,密生短柔毛,羽状脉。聚伞状圆锥花序,多数生于小枝的下部,具梗,花淡绿带黄色。核果大,肉质,通常梨形、卵形或近球形,黄绿色或红棕色。果肉微软,肉色乳白、淡黄或乳黄,肉质极细腻,具蛋黄味,略甜。3 月开花,8～9 月果成熟。

油梨学名鳄梨,是著名的热带水果。果实营养价值很高。除作生果食用外,也可作菜肴和罐头;果仁含脂肪油,为非干性油,有温和的香气。油梨又称酪梨,因为外形像梨,外皮粗糙又像鳄鱼头,因此被称为鳄梨或樟梨。油梨味如牛油,所以也叫牛油果。

鼓浪屿漳州路李家庄休闲咖啡旅馆有一棵四层楼高的油梨,据说是上世纪 20 年代从国外引进,是厦门最早的鳄梨树。

鱼尾葵

鱼尾葵又名孔雀椰子、假桄榔。原产亚洲热带、亚热带及大洋洲。

鱼尾葵是棕榈科鱼尾葵属多年生常绿乔木。茎杆挺直不分枝，有环状叶痕，高可达 20 米；叶大型，2 回羽状全裂，叶片厚，革质，大而粗壮，上部有不规则齿状缺裂，中央一裂长于两侧，两侧裂片近菱形，因叶子酷似鱼尾，所以叫鱼尾葵。花序可长达 3 米，花 3 朵簇生，肉穗花序下垂，小花黄色。果球型成珠串，成熟后紫红色。花期 5—7 月，果期 8—11 月。

鱼尾葵有长穗鱼尾葵和短穗鱼尾葵。长穗鱼尾葵茎干单生，所以叫单杆鱼尾葵，高可达 20 多米，其茎髓部含淀粉，可食用。集美学村南薰楼外，就有许多 20 多米高的单杆鱼尾葵，披挂着长长的肉穗花序，很是壮观。短穗鱼尾葵茎杆丛生。

鱼尾葵植株直立挺拔，叶形奇特，姿态端庄潇洒，富有热带情调，是优良的庭园观赏植物与街道绿化树种。

集大各校区均可见鱼尾葵的美丽身影，水产学院综合实验大楼周边最多。水产学院是以研究水产养殖为主要学科的学院，连校园绿化植物也带鱼形，很有意思。

鱼尾葵也被学生种植为纪念树，财经学院图书馆墙边就有一丛短穗鱼尾葵，是柯芬莹等几位热爱文学的财经校友于 1996 年毕业前所种植。

雨伞树

　　雨伞树又名大叶伞、昆士兰伞木、昆石兰遮树、澳洲鸭脚木、澳洲发财树、辐叶鹅掌柴。原产于澳大利亚及太平洋中的岛屿。

　　雨伞树是五加科鸭脚木属常绿乔木，高可达40米。茎杆直立，少分枝，嫩枝绿色，后呈褐色，平滑。叶为掌状复叶，柔软下垂，小叶数随树木的年龄而异，幼年时3～5片，长大时5～7片，至乔木状时可多达16片。小叶片椭圆形，先端钝，有短突尖，叶缘波状，革质，长20～30厘米，宽10厘米，叶面浓绿色。有光泽，叶背淡绿色。叶柄红褐色，长5～10厘米。

　　雨伞树株形优雅，叶大奇特，红色花序硕大，极适合作庭园观赏树，也是理想的室内盆栽观叶植物。厦门人把雨伞树种成盆景，为讨口彩，常把它叫做发财树。

　　集大有许多雨伞树，除了用于办公室摆放，新校区西南角绿地大量种植，虽尚属小树，但因为对于光线适应性强，成长快，将来这里会有一片葱郁的雨伞树林。

鸢尾

鸢尾又叫紫蝴蝶、蓝蝴蝶、扁竹花。原产中国、日本。

鸢尾是鸢尾科鸢尾属多年生宿根性直立草本，高可达1米。根状茎匍匐多节，浅黄色。叶为渐尖状剑形，全缘，长30～45厘米，质薄，淡绿色，呈二纵列交互排列，基部互相包叠。总状花序1～2枝，每枝有花2～3朵，蝶形，花出叶丛，有蓝、紫、黄、白、淡红等色。部分品种具有香气。花期4—6月，果期6—8月。

鸢尾之名来源于希腊语，意思是彩虹。其花型大而美丽，爱花的人总是将它当成高级花材。其根状茎可作中药，具有消炎作用。

缤纷多彩的鸢尾各代表不同的含意。白色鸢尾代表纯真，黄色表示友谊永固、热情开朗，蓝色是赞赏对方素雅大方或暗中仰慕，紫色则寓意爱意与吉祥。

集大新校区有漂亮的鸢尾花，就在外国语学院北侧及文学院南边的墙根下。

热爱文学的学子们，轻声朗诵着舒婷那首《会唱歌的鸢尾花》时，应该会想起自己学院墙边那些美丽的花儿。

月 季

月季又名月月红、月月花、长春花、庚申蔷薇、瘦客、胜春，被称为花中皇后。原产中国。

月季为蔷薇科蔷薇属常绿或半常绿灌木，或蔓状与攀援状藤本植物。高达2米。茎直立，棕色偏绿，具有钩刺或无刺。小枝铺散，绿色，无毛，具弯刺或无刺。羽状复叶，小叶3～5片，宽卵形至卵状椭圆形。花数朵簇生或单生，直径约5厘米，花梗长3～5厘米，绿色，常具腺毛；花瓣5枚或重瓣，微香，深红色、粉红色或近白色。果近球形，黄红色。花期5—11月，果期9—11月。

玫瑰、月季和蔷薇都是蔷薇属植物，称蔷薇三杰。西方都叫"Rose"，翻译为"玫瑰"。人们习惯把花朵直径大、单生的品种称为月季，小朵丛生的称为蔷薇，可提炼香精的称为玫瑰。

月季花色娇艳，芳香馥郁，花期绵长，是中国十大名花。为园林中使用次数最多的花卉，是风靡世界的观赏植物。品种繁多，现代月季的血缘关系极为复杂。月季花可提取香料，根、叶、花均可入药，具有活血消肿、消炎解毒功效。

集大的月季主要分布于老校区，科学馆校区就有开花红色且较大朵的月季，财经学院文渊楼前、轮机学院纪念雕塑园内及育美楼前、新校区道远楼东侧等处的月季花朵极小，几近蔷薇。曾在集大宣传部林斯丰部长的微博上，见过他拍摄的月季花作品，非常娇美艳丽。

虽然林斯丰老师放大的月季花作品，会让人感叹"不再相信有图有真相"，到诚毅学院景祺楼前可以欣赏到成片开放，大朵而鲜艳的月季花。眼见为实，有兴趣者不妨前去探个究竟。

大诗人苏东坡，有一首赞美月季的诗供欣赏：
花落花开无间断，
春来春去不相关。
牡丹最贵惟春晚，
芍药虽繁只夏初。
唯有此花开不厌，
一年长占四时春。

樟 树

樟树别名香樟、木樟、乌樟、芳樟、番樟、香蕊、樟木子、小叶樟。原产中国。

樟树是樟科樟属常绿大乔木，高可达 50 米，胸径 5 米，树冠近球形。树皮幼时绿色，平滑；老时渐变为黄褐色或灰褐色纵裂，极容辨认。叶互生，卵状椭圆形，先端尖，基部宽楔形近圆；叶缘波状，下面灰绿色，有白粉，薄革质，离基三出脉，脉腋有腺点。圆锥花序腋生，花小，黄绿色。浆果球形，成熟后为黑紫色，果托杯状。花期 4—5 月，果期 8—11 月。

樟树是我国特产树种，用途广泛，经济价值高。在四川宜宾地区生长面积最广，为宜宾市市树。据说因为樟树木材上有许多纹路，像是大有文章的意思，所以就在"章"字旁加一个木字做为树名。樟树全株散发特有清香气息，所以民间多称其为香樟。根、茎、枝、叶均可提取樟脑和樟油。木材耐腐、防虫、致密、有香气、耐水湿，供建筑、造船、家具、箱柜、板料、雕刻等用，民间多用樟木雕刻佛像。

香樟树干挺拔，枝叶茂密，冠大荫浓，树姿雄伟，能吸烟滞尘、涵养水源、固土防沙，是城市绿化的优良树种。

集大各校区都有樟树，科学馆门口就有三棵樟树，其中两棵较为高大，曾经长势不好，后经过修剪、精心养护，现又恢复勃勃生机。

据《集美学校二十周年纪念刊》记载："（民国二十一年）十月十九日，国民政府林主席来校，在科学馆外对学生训话，傍晚返厦。"集

美农林部门退休干部杨友全曾提及科学馆前樟树为时任国民政府主席的林森来校时所种植，当时为5棵盆栽苗木，从集美植物园脱盆取来种植。按此，科学馆前这三棵樟树已是八十以上高龄了。

著名的"嘉庚建筑"科学馆，其所在地以前集美人称为旗杆山，这里是早期集美学校的中心点。科学馆初建于1922年9月，共四层。鲁迅日记载："二十七日晴。晨蒋希曾及玉堂来，同乘小汽船往集美学校，午后讲演三十分，与玉堂仍坐汽船归。"鲁迅讲的就是1926年11月27日到集美演讲的事，当天中午叶渊校长就在科学馆三楼，宴请鲁迅和林语堂两位先生吃饭。

集大新校区，在尚大楼两侧道路、计算机工程学院外道路都成排种植香樟树。这些香樟树干直立端正，枝叶茂密，树型优美，是新校区重要的行道树种。2012年，陆宝忠等校友在轮机工程学院明华园种植了一棵高大的樟树以资毕业纪念。

大学生们如果去厦门园林植物园游玩，可以看邓小平亲手种植的大叶樟树。

栀子花

栀子花又名栀子、木丹、玉荷花、白蟾花、禅客花、碗栀。原产中国。

栀子花为茜草科栀子属常绿灌木，植株大多比较低矮，高1～2米，干灰色，小枝绿色。单叶对生或主枝三叶轮生，叶片呈倒卵状长椭圆形，长5～14厘米，顶端渐尖，稍钝头，革质，表面翠绿有光泽。花单生枝顶或叶腋，有短梗，白色，大而芳香，花冠高脚碟状，一般呈六瓣，有重瓣品种大花栀子。浆果卵状至长椭圆状，有5～9条翅状直棱，黄色或橙色。花期6—7月，果期10月。

栀子花枝叶繁茂，四季常绿，为重要的观赏植物。花芳香四溢，可以用来熏茶和提取香料。花、果实、叶和根可入药，有泻火除烦，清热利尿，凉血解毒之功效。

栀子花的花语是"永恒的爱，一生守候和喜悦"。古人常有诗词描写栀子花，杜甫有《栀子》诗：

栀子比众木，人间诚未多。
于身色有用，与道气相和。
红取风霜实，青看雨露柯。
无情移得汝，贵在映江波。

何炅的单曲《栀子花开》，是献给毕业生的，红遍大江南北。刘若英在专辑《我很好》中也有歌曲《栀子花》，旋律优美。

集大新校区有许多栀子花，如文学院南侧绿地，雨后栀子花开，洁白清新。

新校区北门进来道路中间是栀子花与黄心榕、彩叶扶桑等成块间植的绿化隔离带，具有很好的绿化彩化效果。

曾经在校园里摘花到办公室闻其花香，其中之一种就是栀子花，另外一种则是白兰花。

蜘蛛兰

蜘蛛兰，有一个不讨人喜欢的名字，叫水鬼蕉。另一个名字倒是令人欢喜，叫蜘蛛百合，白色的蜘蛛形花朵加上像百合的绿叶，这个名字确实形象，感觉挺浪漫。蜘蛛兰夏季开花，花冠下方结合成漏斗杯状，上方则有6枚细线形裂片，整朵花形似蜘蛛或螃蟹，所以有蜘蛛兰、螯蟹花之称。至于"海水仙"的叫法，也许是因为这种多年生常绿球根花卉喜欢生长在海水边，地下的鳞茎也像水仙、蒜头一样呈膨起状。

印象中，集大只有新校区种着蜘蛛兰，分布在教学楼、学生公寓内外，文学院南侧绿地、人工湖边、尚大楼北侧教学楼。看来能够欣赏到蜘蛛兰的芳姿，要感谢新校区的规划和建设者。每当夏季，经常到新校区拍照，近景是一大片盛开的蜘蛛兰，背景则是蔚蓝天空下的尚大楼，有时会有几只不知名的小鸟收入镜头。有一次碰到一个女生，领着她的父母在洁白的蜘蛛兰花海前留影。有时会碰到几个男女学生在这里拍照，他们在猜测着这是什么花呀，有的说像螃蟹，有的说像蜘蛛，有的说像鸡爪。

人工湖南畔也有一片蜘蛛兰。附近国际学术交流中心的住客，每当夏日傍晚出来环湖散步时，会驻足欣赏这片绿叶衬托着的素雅花海。新校区西侧道路外绿地也有几处种植蜘蛛兰。

蜘蛛兰广泛应用于园林，作草地丛植或花径条植时，形成成片的花海，让人感觉眼前亮丽无边，壮观美好。蜘蛛兰整朵花洁白如雪，花形十分奇特美丽，又有披针形的绿色叶片相衬托，显得素雅别致，清新可爱，所以常被花农盆栽以供室内、厅堂、走廊等处摆放。

蜘蛛兰鳞茎有毒，误食将引起呕吐、腹痛、腹泻、头痛等症状。

纸莎草

纸莎草又名纸草、埃及莎草、埃及纸草。

纸莎草是多年生常绿水生草本植物。茎秆直立丛生，三棱形，不分枝。叶退化成鞘状，棕色，包裹茎秆基部。总苞叶状，顶生，带状披针形。花小，淡紫色。瘦果三角形。花期6—7月。

纸莎草原生于欧洲南部、非洲北部以及小亚细亚地区。古埃及人利用纸莎草制成的纸张，是历史上最早、最便利的书写材料。

纸莎草可以防治水污染，为我国南方最常用的水体景观植物，主要用于庭园水景边缘种植。因其茎顶分枝成球状，造型特殊，亦常用于切枝。

集大人工湖水边种植许多纸莎草，为师生所常见，但很多人不知道它的名字。

重阳木

重阳木又名乌杨、茄冬树、洪桐。

重阳木是大戟科重阳木属乔木，高达 15 米，树皮棕褐或黑褐色，纵裂。三出复叶互生，具长叶柄，叶片长圆卵形，边缘有钝锯齿。腋生总状花序，花小，淡绿色。浆果，球形，熟时红褐或蓝黑色。花期 4—5 月，果期 10—11 月。

重阳木为中国原产树种，树干粗糙不平，但树形优美，冠如伞盖，极具遮荫效果，是良好的庭荫和行道树种，极有观赏价值。重阳木果实成熟时期，有如一串串葡萄挂于枝顶，花叶同放，花色淡绿，秋叶转红，艳丽夺目。果实可诱鸟。

集大机械与能源工程学院路边有一棵高大的重阳木，老校区或仅此一棵。一次见有人来摘叶子，问他干什么用，他说拿去泡水洗澡，可以止痒，治疗过敏。厦门当地人把重阳木叫做茄枫，海沧有整条路上都种植高大的重阳木作为行道树，非常壮观。台湾则称之为茄苳、秋枫，当地人还用重阳木的叶或叶心当材料炖鸡汤，也有人把叶子晒干后泡茶喝，认为能消炎、解热。该树叶子摘过之后会迅速长出许多侧芽，愈摘愈茂盛。重阳木最大特征是叶形奇特，称为"三出复叶"。叶柄长 9～13.5 厘米；顶生小叶通常较两侧的大。秋枫实际上是重阳木属之一，树高可达 40 米，果实较大。

新校区南侧绿地种植了两排 30 几棵胸径 8 公分左右的重阳木。2013 年植树节，则一下种植了 9 棵高大的重阳木，最大的胸径达到 50 公分。其中，吕振万楼南侧种植了 3 棵。吕振万楼共 5 层，建筑面积 9775 平方米，是文学院及政法学院的办公和教学大楼，为集大常务校董吕振万捐建。

5 月底学校南门门口绿化改造时，把原来长势不好的大王椰子移走，改种 6 棵胸径 40 公分左右的高大重阳木，提升了校园绿化效果。

朱 蕉

朱蕉又名千年木、红竹。

朱蕉为百合科朱蕉属多年生常绿灌木状植物，高 1～3 米。叶聚生于茎或枝的上端，矩圆形至矩圆状披针形，长 25～50 厘米，宽 5～10 厘米，绿色或带紫红色。叶柄有槽，长 10～30 厘米，基部变宽，抱茎。圆锥花序长 30～60 厘米，侧枝基部有大的苞片，每朵花有 3 枚苞片；花淡红色、青紫色至黄色，长约 1 厘米。花期 11—3 月。

朱蕉株形美观，色彩华丽高雅，盆栽用于客厅、阳台等，优雅别致。也用于庭院绿化彩化，公园、绿地等路边或草地边缘种植普遍，观叶效果极好。

集大老校区在即温楼西侧、崇俭楼后有朱蕉，其看点就是叶子，新叶红色，老叶暗红色。

在新校区教学楼、学生公寓楼旁，多处种植朱蕉。光前体育馆东北侧也有朱蕉可供观赏。

竹 柏

竹柏又名罗汉柴、大果竹柏、山杉、竹叶柏。

竹柏为罗汉松科竹柏属常绿乔木，高可达30米；树皮褐色，平滑，薄片状脱落。叶交叉对生，厚革质，宽披针形或椭圆状披针形。种子核果状，球形。花期3—5月；果期10—11月。

竹柏因其叶似竹叶，而树枝干如柏树，故名竹柏。同属还有长叶竹柏、圆叶竹柏、花叶竹柏等。

竹柏为古老的裸子植物，起源于距今约1亿5500万年前的中生代白垩纪，被称为"活化石"，是珍稀濒危树种。《本草纲目》木部柏条载："峨眉山中，一种竹叶柏身者，谓之竹柏。"

竹柏树干通直，挺拔多姿，树态优美，叶茂荫浓，叶形奇异，青翠富有光泽，长年翠绿旺盛，为优美的常绿观赏树木。厦门花木市场多有销售竹柏盆栽，摆放客厅、办公室，极为雅观。但购买者多不懂养护，不易长久成活。

集大新校区学生公寓端景楼内有丛植多株竹柏。端景楼及对面的锦霞楼均为3栋7层连体学生公寓，端景楼建筑面积15566平方米，锦霞楼建筑面积14170平方米，两楼由新加坡吴端景、何锦霞伉俪捐建，内部设施齐全，为学生提供安全舒适的生活居住环境。

紫背竹芋

紫背竹芋又名红背卧花竹芋、红背肖竹芋、红背葛郁金。原产中美洲及巴西。

紫背竹芋为竹芋科花竹芋属多年生草本植物。株高1米左右，枝叶生长茂密，株形丰满。叶片直立，长卵形或披针形，厚革质，叶面深绿色有光泽，中脉浅色，叶背血红色。穗状花序，苞片及萼鲜红色，背部呈紫红色。

紫背竹芋是优良的室内喜阴观叶、赏花植物，在温暖、潮湿、荫蔽环境中可生长健壮，枝叶繁茂。盆栽用来布置卧室、客厅、办公室等场所，显得安静、庄重，可供较长期欣赏。

集大在新校区美岭楼等教学楼内庭，种植有紫背竹芋供师生观赏。

紫 藤

紫藤又名朱藤、招藤、招豆藤、藤萝。原产中国。

紫藤是豆科紫藤属落叶攀援缠绕性大藤本植物，长可达 20 米。主根深，支根少。干皮深灰色，不裂。奇数羽状复叶，互生，小叶 7～13 对。总状花序，在枝端或叶腋顶生，下垂长达 20～30 厘米，花密集而醒目，花冠蝶形，蓝紫色至淡紫色，有芳香。荚果扁圆条形。花期 4—6 月，果熟 9—10 月。

紫藤花可提炼芳香油，并有解毒、止吐泻等功效。北京等地方，加入紫藤花做成紫萝饼、紫藤糕、紫藤粥、炸紫藤鱼、凉拌葛花、炒葛花菜等美食。

紫藤植株茎蔓蜿延屈曲，开花繁多，应用于园林棚架，栽于湖畔、池边、假山等处，串串花序悬挂如瀑布，满树紫花烂漫，姿态异常优美。李白有《紫藤》诗，赞紫藤迷人风采：

    紫藤挂云木，
    花蔓宜阳春。
    密叶隐歌鸟，
    香风留美人。

集大轮机学院校区教工住宅北侧铁围栏边有紫藤。虽缺乏修剪造型，但串串紫色花絮，在绿叶藤条之间垂挂，仍然颇为奇特美观。

棕 榈

棕榈又名唐棕、山棕、扇棕、棕树。原产中国。

棕榈为棕榈属常绿乔木，株高可达 15 米；树干圆柱形，直立，不分枝，具网状纤维叶鞘。叶簇生茎顶，叶形如伞，掌状深裂，叶柄长，有细刺，顶端有明显的戟突。圆锥状肉穗花序，腋生，鲜黄色。核果近球形，淡蓝黑色，有白粉。花期 4—10 月，果期 10—12 月成熟。

棕榈树势挺拔，叶形如伞，叶色翠绿，是庭园绿化的优良树种。记得小时侯，老家路边、田角屋后，随处可见单株棕树，村民们经常剥取棕皮纤维，自己编蓑衣、绳索等，还有人做棕衣床垫。下雨天把蓑衣穿在身上特别舒服，尤其是春寒料峭的雨天，必须下田干农活，有一件蓑衣在身，十分温暖。

我国栽植棕榈的历史悠久，《山海经》记载："石翠之山，其木多棕。"唐朝徐仲雅《咏棕树》诗："叶似新蒲绿，身如乱锦缠。任君千度剥，意气自冲天。"

集大的航海学院、科学馆、美岭楼内庭等处都有树姿优美的棕榈树，叶色亮绿，极富南国风情。

棕 竹

棕竹又称观音竹、筋头竹、棕榈竹、矮棕竹、虎散竹。原产我国。

棕竹为棕榈科棕竹属常绿观叶植物。茎干直立，株高 1～3 米。茎纤细如手指，不分枝，有叶节，包以有褐色网状纤维的叶鞘。叶集生茎顶，掌状，深裂几达基部，有裂片 3～12 枚，长 20～25 厘米，宽 1～3 厘米；叶柄细长，约 8～20 厘米。肉穗花序腋生，花小，淡黄色，单性，雌雄异株。浆果球形，种子球形。花期 4—7 月。

棕竹常繁生于山坡、沟旁阴蔽潮湿的灌木丛中，栽培品种有大叶、中叶和细叶棕竹之分，另有花叶棕竹。棕竹翠杆亭立，叶盖如伞，树形优美，四季常青，姿态秀雅，观赏价值很高，是庭园绿化的好材料。根及叶鞘纤维可入药。

集大老校区的教师教育学院门前可见棕竹，株丛繁茂，叶片铺散开张如扇，极为美观。

新校区的西侧道路外绿地，教学楼、学生公寓楼边等许多地方种植棕竹造景，西侧道路外绿地多处成片种植，增加园林野趣。信息工程学院南侧墙边，以棕竹为绿化带，常年翠绿可观。各处棕竹均常见开花。

醉香含笑

醉香含笑又名火力楠。

醉香含笑为木兰科含笑属常绿乔木。高可达35米，树皮灰褐色。幼枝、幼叶、芽、叶柄及花梗均密披锈褐色绢毛，小枝具散生的白色皮孔。叶倒卵形或倒卵状椭圆形，厚革质，下面密被灰色或淡褐色细毛。花单生叶腋，花被9～12片，白色，芳香。聚合果长3～7厘米；蓇葖长圆体形、倒卵状长圆体形或倒卵圆形，长1～3厘米；种子1～3颗，扁卵圆形，红色。花期1—2月，果期10—11月。

醉香含笑树干通直高大，枝繁叶茂，翠绿美观，尤其是新芽绢红，花色洁白，是美丽的庭园和行道树种，具有较高观赏价值。醉香含笑木材易加工，切面光滑，美观耐用，是供建筑、家具的优质木材。花香浓郁，可提取香精油。醉香含笑还是栽培香菇的优良原料树种。

集大财经学院东侧尚忠楼后有一棵醉香含笑，见过几次都没感觉其特别之处，也许是因为还没见过她开花吧！在财经学院读书，然后毕业工作十几年，可就没有在它花期时节看过它。它在学校寒假期间开花，确实难得一见！

醉香含笑，这树的名字真好。醉香，含笑！那是此刻的心情。

后 记

　　今年恰逢嘉庚先生创建集美学校一百周年，从1918年创办师范教育算起，再过5年，集美大学也即将是百年老校。这样的百年老校，自然有许多花草树木，其中不乏树龄较老的大树，不乏珍贵者。两年多来，走遍校园的角角落落，全校的植物分布情况初步调查清楚。不完全统计，集大校园里现有花草树木200多种。这些花草树木，葳郁葱茏，把校园打扮得优美漂亮。让这些美丽的花草树木来说说集大之美，是合宜的。

　　老校区花草树木种类繁多，有许多嘉庚先生引种的树木，十分珍贵。新校区则除了建筑获得"新中国成立六十周年百项经典暨精品工程"的荣誉，更在园林绿化方面做出极大的成绩，引种了许多老校区没有的乔木、灌木和地被植物，丰富了校园的花草树木品种，丰富了植被类型。新校区有春花灿烂的桃树林，有绿草如茵视野开阔的草地，有南洋楹等参天巨木，有水面宽阔的人工湖，有鹭鸟飞翔的白鹭栖息地银合欢树林。人工湖、白鹭林一带真是林荫清凉、鸟语花香，充满诗情画意，令人留恋忘返。逢节假日，更是游人如织。

　　学校各方面十分重视绿化工作。集大校友会成立以来，重要工作之一就是校园的美化绿化工作，每年举办植树节，广泛发动广大校友和在校师生们，积极参加捐赠植树活动。如在新校区，寓意深远地创建校友感恩林，种植许多桃花，成为校园一景。校友会希望通过努力，凝聚广大师生、校友力量，共同建设美丽校园。集大校友会辜建德会长，是原集美大学校长。听说要将校园绿化资料整理、编辑成册，他不仅赞成，而且亲自作序予以推荐。他还不惜利用节假时间，阅读初稿，对本书图、文体例进行悉心指导，并征得校友会各位领导同意，筹得经费，资助本书出版。辜芳昭书记特别重视校园绿化，他曾亲自对笔者谈及"美丽的校园需要有大树"，非常关心校园绿化建设工作，亲自参加校园义务植树节活动，对校园草木情深，要求大家共同爱护。苏文金校长一直对笔者做好绿化工作给予鼓励，也将笔者提出的校园绿化工作设想转交给分管领导研究。分管后勤工作的黄德棋副校长，经常对校园绿化建设工作作出指示。新分管后勤集团的郑志谦副校长，上任伊始就十分关心校园绿化建设工作，亲自到校园现场察看，了解绿化现状，指导规划。后勤集团舒信国总经理经常对校园绿化工作表示关心，时常过问存在的困难，给予支持和帮助。后勤集团陈惠东副总经理曾分管校园绿化，为建设美丽校园付出甚多。后勤集团校园服务中心主任张卫、主任助理郑延平等同事们与绿化队的员工一道，栽种、施肥、除草、杀虫、修剪，无论夏热酷暑，冬凉寒冷，他们都不计较，任劳任怨，为校园绿化建设付出无数的艰辛。

笔者为财经学院校友，留校工作，母校如家，对校园的一草一木感情至深，时常为美丽校园所倾倒。嘉庚校主创办的集美学村，建筑的重要风格是琉璃盖顶、龙脊凤檐、雕梁画栋，富有人文特色；环境方面，依山傍海，风光旖旎，景色秀丽，四季如春。嘉庚校主深知优美校园环境对于莘莘学子的学习、生活与休憩的重要，先生亲自创办农林学校、集美植物园，足见其对校园环境的绿化美化等十分重视，也才有今天的美丽家园。理想中的校园，不仅树木花草品种繁多，四季花木葱茏葱郁，而且垂直绿化、美化彩化效果极佳。

优美、健康的环境，才能适宜紧张地学习，快乐的生活。世界上那些知名的大学，无不拥有美丽的校园环境。徜徉在美丽的集美学村，流连忘返于花木扶疏、蓊郁葱茏的校园，心情会感觉格外的舒畅愉快。这样的美好心情，需要传递，需要延续。

出版本书，成为笔者的工作内容之一。把校园花草树木资料经过精心挑选，编辑成册，一是可作为校园环境建设资料留存；二是作进一步绿化美化，乃至彩化香化，创建美丽校园的参考；三是给学子、校友、学生家长以及各方来宾作为游览校园时的植物导览手册之用，以书籍形式浏览校园美景，愉快舒心地进行欣赏与玩味。期待着更多的人来共同关爱、建设美丽的集大校园。

本书由集美大学校友会、集美大学后勤集团组织编撰出版。植物分类学家何国生教授、厦门华侨亚热带植物引种园学术委主任刘海桑博士、集美园林专家杨友全先生，就植物认知给予帮助。陈嘉庚研究专家陈少斌先生为笔者讲述陈嘉庚有关树木的故事。集大文学院梁振坤老师对本书出版给予帮助。厦门大学出版社的王鹭鹏编辑，不仅对本书内容进行不厌其烦的认真审校，而且对书籍的排版、装帧等工作做了详细指导。集大印刷厂陈铭先生对本书的装帧设计提出宝贵意见。在此一并表示衷心感谢。

作者水平有限，本书不足甚至差错之处在所难免。恳请读者指正。电子邮箱：61818180@163.com。

陈嘉才

2013年11月27日

图书在版编目(CIP)数据

树说集大之美:集美大学校园植物导览手册/陈茂才编著. —厦门:厦门大学出版社,2013.12
ISBN 978-7-5615-3559-2

Ⅰ.①树… Ⅱ.①陈… Ⅲ.①集美大学-植物-手册 Ⅳ.①Q948.525.73-62

中国版本图书馆 CIP 数据核字(2013)第 309600 号

厦门大学出版社出版发行
(地址:厦门市软件园二期望海路 39 号 邮编:361008)
http://www.xmupress.com
xmup@xmupress.com
厦门集大印刷厂印刷
2013 年 12 月第 1 版 2013 年 12 月第 1 次印刷
开本:889×1194 1/16 印张:15.5 插页:2
字数:400 千字 印数:1~1 000 册
定价:88.00 元
本书如有印装质量问题请直接寄承印厂调换